视频图文版

蓝莓轻简化高效栽培技术

张长青 等 ◎ 编著

中国农业出版社
农村读物出版社
北京

编著者名单

主　　编　张长青

副 主 编　李广平　王　倩　李海玲　赵　辉

参编人员　郭宇航　邢　琳　杜运付　伍金花

徐秋林　陈奕同　侯明飞

前言

21世纪初，蓝莓商业化栽培在我国开始起步。目前，蓝莓已成为我国重要的果树成员，并在浆果类果树和区域特色优势果树中占有重要地位。

经过约半个世纪摸索，我国劳动人民已逐渐在蓝莓传统土壤栽培基础上探索出了基质栽培模式，从而极大推动了蓝莓产业的健康稳定发展。为进一步贯彻农业绿色发展理念、加强农业资源保护利用、系统降低农业面源污染，推动蓝莓产业绿色低碳高质量发展，笔者自2010年起围绕蓝莓基质栽培中的关键问题，以资源利用集约化、投入品减量增效化、产业模式生态化、栽培管理省力化为目标，强化技术集成、推广应用，探索并建立了一套以控根容器基质栽培为主体的蓝莓高效栽培模式，建成了江苏省现代农业产业技术体系溧水推广示范基地等生产园，提升了蓝莓产业水平，助力区域农业现代化和乡村振兴。

蓝莓控根容器基质栽培模式兼有控根栽培、容器栽培、基质栽培“三合一”的优势：与传统非酸性土壤栽培相比，有效避免了土施硫黄等酸性物质污染环境问题；与基质沟栽相比，大大节约了基质，尤其是不可再生资源中的草炭用量；与传统容器栽培相比，有效避免了绕根、盘根、畸形根问题。该种模式栽培将树体高度抬高至人体适宜操作高度，便于田间管理，降低了劳动强度，提高蓝莓抗涝能力。实践证明，蓝莓控根容器基质栽培模式是一项绿色、节本、省力、抗涝的栽培新模式。

本书由金陵科技学院张长青主编，南京林业大学李广平等人员编著完成。全书共分11章，详细介绍了蓝莓轻简化高效栽培相关的基本原理和技术要点。书中图片、视频来自蓝莓生产一线，由参编者拍摄制作。书中所述原理和技术对开展蓝莓容器栽培、基质栽培、控根栽培同样具有参考价值，它适合我国南方地区尤其是长江下游地区的气候、土壤、社会条件。本书的出版希望能给农业合作社、家庭农场等新型经营主体中从事蓝莓生产的一线技术人员和高等院校、科研院所、农林果业技术推广部门等从事蓝莓科研、教学、技术推广的专家、技术人员带来理论和实践启迪，帮助种植者科学开展蓝莓种植，推动绿色生态低碳技术应用，促进蓝莓现代栽培技术的推广和普及。

本书的编写工作得到同行专家帮助和指导，得到了江苏省现代农业产业技术体系项目、农业农村部农业重大技术协同推广计划项目、江苏省重点学科（园艺学）的支持与资助，在此表示感谢。由于水平有限，本书编写过程中难免出现疏漏或失误，敬请广大同行不吝赐正！

张长青

2023年3月30日

目录

视频目录

第一章 绪论

一、我国蓝莓栽培历史

在中国，蓝莓泛指北美的高丛蓝莓、兔眼蓝莓、矮丛蓝莓、半高丛蓝莓和原产中国的笃斯越橘等。蓝浆果、越橘均是蓝莓的别称。

我国蓝莓商业化栽培起步较晚。新中国成立后，中国科学院植物研究所胡先骕先生最早探讨了越橘的利用问题，吉林农业大学郝瑞教授进一步明确了笃斯越橘是重要的、极具利用价值的果树资源。1980年后，蓝莓研究逐渐由笃斯越橘扩展到了国外引进的高丛蓝莓和兔眼蓝莓，其中，在2000年之前吉林农业大学先后引种国外蓝莓品种19个、江苏省中国科学院植物研究所引种兔眼蓝莓品种12个、山东省果树研究所引种高丛蓝莓品种10个。2000年之后，国内蓝莓的引种、育种工作蒸蒸日上，快速发展。迄今，已有400余个品种被引入，70余个我国自主选育品种已受国家品种权保护，一大批新选育品种还正在申请品种权保护。

蓝莓引种早期，规模化的苗木繁育工作一直进展缓慢。1990年陈慧都报道了半高丛蓝莓和矮丛蓝莓的组织培养工厂化育苗技术，1992年李亚东报道了蓝莓的绿枝扦插育苗技术。2005年前后，蓝莓苗木繁育技术日趋成熟。廖优江2005年报道了兔眼蓝莓的扦插生根技术；张长青2007年报道了兔眼蓝莓的组织培养快繁技术和蓝莓绿枝扦插催根方法。

全国蓝莓苗木繁育技术获得突破之后，蓝莓产业发展进入了启动阶段。青岛杰诚食品公司2000年依托吉林农业大学的技术支持，在山东省胶南建立了150亩*北高丛蓝莓基地。贵州省麻江县2001年依托江苏省中国科学院植物研究所的技术支持，建立了120亩兔眼蓝莓基地。它们成了国内早期的蓝莓产业化基地，有力地带动了国内蓝莓产业发展。2005年全国种植面积约200公顷，产量约350吨。2007年之后发展迅速，2020年总产量已超过20万吨，种植面积约达6 100公顷。

现今，我国人民生活水平和生活质量在不断提高，对绿色、保健、稀有果品也越来越青睐。蓝莓作为绿色、药食兼用的健康果品，已成为国内外消费者的日常需求。

二、蓝莓常见栽培类型

目前，蓝莓栽培主要包括土壤栽培和基质栽培两种类型。

（一）土壤栽培

土壤栽培是我国蓝莓栽培的最初方式，分为土壤穴栽和土壤沟栽。

土壤穴栽是在定植点开挖直径约60厘米、深度约60厘米的定植穴，然后将土壤进行改良后种植蓝莓的一种方式；土壤沟栽是将定植点所在行挖出一条宽约60厘米的栽培沟，然后将改良后的土壤回填沟中进行蓝莓栽培的一种方式。这两种类型除人力成本相对较高外，其他成本投入相对较低。

无论是土壤穴栽还是土壤沟栽，土壤改良都是关键。酸性土壤的改良相对简单，主要是增施腐熟的有机肥和复合肥，而非酸性的土壤改良还需要增施硫黄粉等调节土壤酸碱度。目前，土施

* 亩为非法定计量单位，1亩约为667米^2。——编者注

硫黄改良土壤酸度的方法尽管效果不错，但会给土壤带来硫污染。一旦该土壤不再种植蓝莓，其原有生态就很难快速恢复。

（二）基质栽培

基质栽培是一种新的栽培方式。由于蓝莓植株矮小，所以基质栽培可采用基质沟栽或容器栽培的方式进行。基质栽培通常会集成水肥一体化管理技术，因此在栽培技术保证到位的前提下，具有树体生长快、结果早、丰产早、节肥节水、利于标准化生产和省力化管理等优势。

1.基质沟栽 基质沟栽与土壤沟栽相似，都需要在定植行开沟，但基质沟栽采用了轻型基质（又称轻基质、基质）替代了传统土壤。按照栽培床高度和栽培沟挡板类型可分为高畦型基质沟栽（图1-1）、控根容器挡板型基质沟栽（图1-2）等形式。

图1-1 高畦型基质沟栽

图1-2 控根容器挡板型基质沟栽

基质沟栽采用的轻型基质类型主要有营养土、无土基质以及二者混合物，它们由田园土、草炭、椰糠、松树皮、有机肥等原料调配而成，其pH适合，有机质含量高，保水透气，有利于蓝莓根系舒展和树体发育，具有树体长势强，栽培效果好的优点，但该类基质成本较高。

2.容器栽培 容器栽培是将基质装入特定容器中进行蓝莓栽培的一种方式，其基质类型与基质沟栽相似，均为营养土或无土基质或二者混合物。该模式相比基质沟栽，大大减少了基质用量，降低了基质成本，并逐步成为土壤栽培和基质沟栽的替代模式。

根据使用的容器不同，蓝莓容器栽培一般包括无纺布容器（又称美植袋）基质栽培（图1-3）、营养钵容器基质栽培（图1-4）、方形盒容器基质栽培（图1-5）、花盆容器基质栽培（图1-6）等。该类栽培方式由于蓝莓根系生长空间集中，因此对管理错误比较敏感，对种植者的技术和管理水平要求高。同时，种植多年后蓝莓树逐渐出现绕根、盘根或根系畸形等根系发育障碍的问题。

图1-3　无纺布容器基质栽培

图1-4　营养钵容器基质栽培

图1-5　方形盒容器基质栽培

图1-6　花盆容器基质栽培

为解决传统容器常出现的蓝莓根系盘根、缠绕、畸形根等问题，笔者将控根栽培、基质栽培、容器栽培相结合，在国内较早地提出并验证了蓝莓控根容器基质栽培模式（图1-7）。控根容器基质栽培融合了容器栽培、基质栽培、控根栽培的各自优势，避免了它们的各自不足，成为“三合一”栽培模式，为蓝莓商业化栽培高质量发展提供了新的选择。

图1-7　控根容器基质栽培

（三）营养液无土栽培

营养液无土栽培（图1-8）为蓝莓设施栽培的基本模式。以方盒容器基质栽培为基础，采用霍格兰等营养液配方为施肥方案，将蓝莓专用基质和营养液水肥一体滴灌管理技术相结合开展蓝莓无土栽培的一种模式。

营养液无土栽培蓝莓一般第一年即可挂果，但通常苗小、产量低。为了弥补这一不足，生产上采用了一种在种植盆内对角栽种2株蓝莓苗，并待栽培后期树体长大后，移除长势不佳或者死亡植株的方式进行解决。该模式栽培的蓝莓成长快、挂果早、成本回收早。

图1-8　营养液无土栽培

为进一步提高栽培效益、克服自然气候环境的不利影响，避雨设施、反季节栽培温室、物联网智能监控平台等现代化设施设备也逐步与蓝莓栽培相集成，形成了蓝莓高效栽培的新趋势。

第二章 蓝莓生物学特征特性

一、蓝莓形态特征特性

蓝莓是多年生灌木植物。

蓝莓树高差异大，其中矮丛蓝莓高0.1 ~ 0.5米，高丛蓝莓高1.8米以上，兔眼蓝莓能达4米以上。

蓝莓萌蘖能力强，树冠主要由植株基部萌生的枝干构成。

（一）叶

蓝莓有常绿品种（图2-1），也有落叶品种（图2-2）。常绿品种的叶子一般会在第二年随着新梢的萌发而脱落，落叶品种叶子

图2-1　常绿品种

图2-2　落叶品种

会在入冬前后脱落，部分品种会在10月之后随气温下降迅速变红，形成可持续2周以上的、漂亮的红叶景观。

蓝莓单叶互生，稀对生或轮生，全缘，无托叶，卵形到披针形，长1～7厘米，宽0.5～4.2厘米（图2-3）。大部分蓝莓叶片背面（图2-4）无茸毛。

图2-3　叶片大小

图2-4　叶片背面

如果气候不适合或者遭受生物胁迫，蓝莓的叶片偶尔会畸形（图2-5）。

图2-5　畸形叶

（二）花

蓝莓的花为总状花序，位于枝条顶部，由花芽（图2-6）萌发而来。春季花芽先萌发（图2-7），叶芽随后。蓝莓花芽单生或双生在叶腋之间，大而圆。

图2-6 蓝莓花芽

图2-7 花芽萌发

蓝莓每朵花序（图2-8）由4～10朵花组成，每朵花呈坛状或倒钟形，基部联合，外缘4～5裂，花色为乳白色或粉红色，可持续盛开1个月以上。

图2-8 蓝莓花序

蓝莓花为两性花，雌蕊（图2-9）稍长或稍短于花冠，子房下位，中轴胎座，有4～5室，每室有多个胚珠。雄蕊（图2-10）8～10枚，生于花冠基部，环绕并短于花柱，雄蕊数为花冠裂片的2倍。

图2-9　蓝莓花的雌蕊

图2-10　蓝莓花的雄蕊

蓝莓花药（图2-11）有2个芒刺，芒刺的末端有孔，花药孔裂，花粉从中出来。蓝莓花粉粒（图2-12）是四分体，很少产生多个胚芽管。

图2-11　蓝莓花药

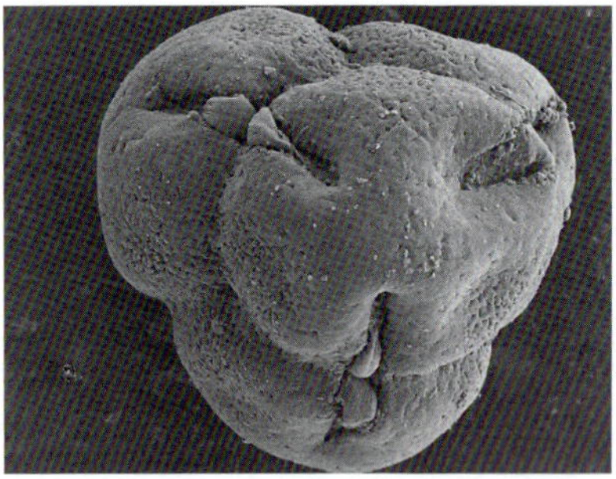

图2-12　蓝莓花粉粒

如果气候不适合，蓝莓的花会出现花冠缺失或发育不健全等畸形症状（图2-13）。

花冠缺失

花冠发育不健全

图2-13 蓝莓畸形花

（三）果实

蓝莓果实（图2-14）一般在授粉后40 ~ 90天成熟，这取决于品种和环境条件。未成熟时为绿色或红色，成熟时绝大多数呈蓝色，少数呈红色，果实椭球体或近球体，有白色果粉。

蓝莓果实的中心是一个心皮，果实的色素存在于果皮中。

蓝莓果实大小因品种、栽培条件不同而有差异，直径一般为0.5 ~ 3.5厘米，单果重0.5 ~ 10克，最大可达15克（如品种钱德勒）。

蓝色果实

红色果实

图2-14 蓝莓果实

蓝莓果肉细软多汁，大部分呈白色，风味因品种差异较大，有酸甜、甜酸、清淡等类型，部分品种还有淡淡的香气。

（四）种子

蓝莓果实内种子（图2-15）较多，但极小，不影响食用。

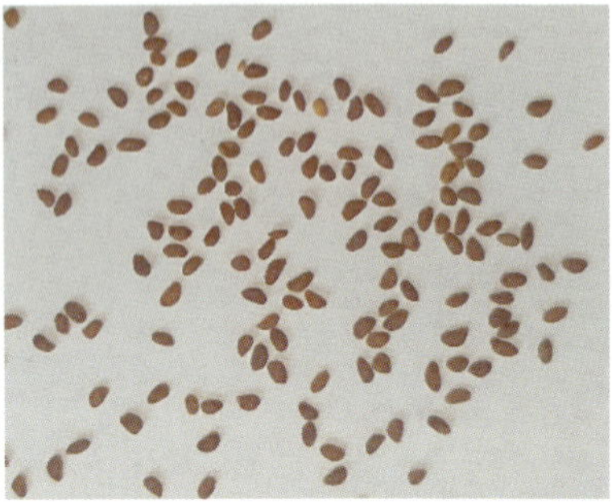

图2-15　蓝莓种子

果实种子的数量与果实大小呈正相关，但并不呈正比增长。

蓝莓种子形成后，在适宜的条件下萌发成幼苗（图2-16）。蓝莓种子从萌发到长出第一片真叶需要20 ～ 40天。蓝莓种子萌

种皮破裂　　长出胚根　　胚根伸长

胚轴伸长，胚芽出土　　出土幼苗　　幼苗长出真叶

图2-16　蓝莓种子的萌发过程

发时，首先需要吸足水分，软化和破裂种皮。然后，胚根从种阜处开始外露，接着胚轴伸长，胚芽出土，形成茎、叶正常的幼苗。

蓝莓真叶形成后，生长（图2-17）速度加快。蓝莓幼苗的生长除选择pH适宜的土壤外，若采用松针覆盖会进一步促进幼苗生长。另外，蓝莓幼苗生长需要较高的土壤含水量，一般低于50%时就要灌水。

图2-17 蓝莓幼苗的生长过程

蓝莓幼苗从4月底出土至10月底之间6个月的生长期能形成真叶25片以上，高度超过15厘米，分枝量1 ～ 2个。

（五）根

蓝莓的根系（图2-18）分为两类。一类是直径可达1毫米以上的贮藏根，另一类是直径仅约1毫米的纤弱须根。前者具有固定植物并储存营养功能，而后者主要负责水分和养分的吸收。蓝莓根系以须根为主。

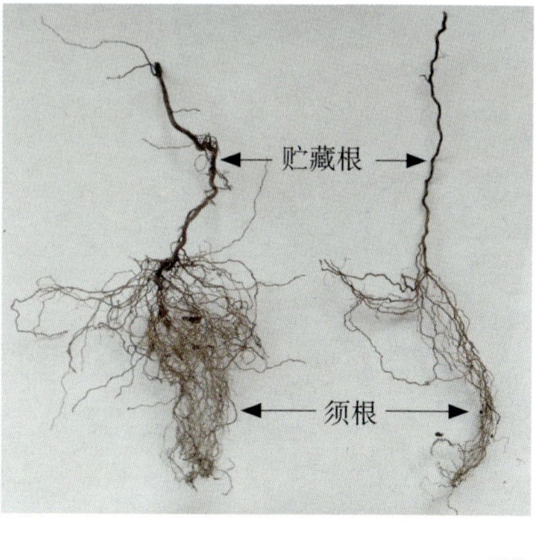

图2-18 蓝莓根系

蓝莓须根没有根毛，分布浅，吸收能力弱，但在长期进化过程中形成了一种与真菌特有的共生关系，所以克服了蓝莓根系没有根毛、吸收能力弱等缺陷。根据调查，蓝莓所有的须根内几乎都有真菌的内生菌根寄生。

蓝莓根系水平分布范围主要集中在树冠垂直投影范围内，垂直分布集中在浅土层（图2-19）。高丛蓝莓中，根系横向生长不超过0.6米，深度不超过0.7米，因此可以缩短高丛蓝莓的种植距离，提高种植密度和果实产量。

图2-19　蓝莓根系分布

试验表明，蓝莓根系中约50％位于树冠30厘米范围内，80%～85%位于60厘米范围内。

蓝莓根系喜欢在地表和覆盖物交汇处富集，因此地面覆盖会诱导根系上浮，向地表集中（图2-20）。另外，灌溉条件好往往会增加根系深度。

图2-20 蓝莓根系上浮

二、蓝莓生长习性

（一）叶芽发育和萌发

蓝莓的叶芽狭小窄尖，长约4毫米，休眠期长，着生在枝条的中下部。

早春，叶芽开始膨大，芽内叶片开始发育形成4～8个叶原基。当8～10℃以上的气温持续数天后，叶芽即可萌发。蓝莓叶芽比花芽萌发得晚。随着叶芽的萌发，节间开始伸长，叶片开始分离。此时，新梢顶部的叶腋间又逐步分化出新的叶原基。蓝莓的腋芽具有早熟性，当年形成当年即可萌发。蓝莓的叶芽一般单生，但也有少量的“2叶芽”“2叶芽1花芽”等复芽（图2-21）存在。

萌发后的2叶芽

萌发开花后的2叶芽1花芽

图2-21　蓝莓复叶芽

（二）枝条生长

蓝莓新梢的生长是不定期的合轴生长。

叶芽萌发后抽生出新梢，新梢最初生长迅速，但长到一定长度时就会由于顶端败育而停止生长，此时顶端生长点变黑自枯（图2-22），形成黑尖。

图2-22　蓝莓生长点自枯

1 ～ 4周后，黑尖下的腋芽从休眠状态恢复生长，黑色的顶端脱落形成黑点。此时，枝条生长发生了转轴。这种转轴生长一年可发生多次，但在最后一次转轴生长的顶端形成花芽。翌年开花结果后顶端枯死，下部叶芽萌发成新梢又形成新的花芽。

蓝莓枝条适宜在13 ～ 28℃的条件下生长。根据品种和环境，蓝莓新梢一年可以有数个生长高峰，其中以两个生长高峰较为普遍。第一次是在4—6月，第二次是在7月中旬至9月中旬。

（三）根系生长

一年内，蓝莓根系随土壤温度变化有二次生长高峰，每次生长高峰都出现在地上部枝条生长高峰之后。根系第一次生长高峰出现在6—7月，第二次出现在9—10月。

蓝莓根系生长高峰出现时土壤温度为14 ～ 18℃。低于和高于这个温度范围，根系生长缓慢。低于8℃时，根系生长几乎停止。

三、蓝莓结果习性

（一）花芽发育

蓝莓花芽形成于当年生枝条的顶端。花芽分化时，从枝条顶端向下依次进行，分化的数量与枝条的粗度、品种等有关。

蓝莓花芽分化始于7月下旬至9月上旬，具体因品种而异。据观察，奥尼尔花芽的形态分化在8月下旬开始，梯芙蓝、园蓝在9月上旬开始。10月蓝莓花芽形态分化基本完成，此时花芽可见明显的肥大、圆胖状。

（二）开花

春天蓝莓生长时，花芽开始膨大，花蕾逐渐开裂。当新梢上长出数片新叶时即达盛花期。南京一般在3月下旬至4月上旬开花，4月中下旬达盛花期，此期的温度范围一般为12 ~ 25℃。

根据品种和温度差异，蓝莓的花期为3 ~ 4周。

蓝莓整个开花过程一般包括紧芽期、花芽膨大期、花序伸长期、早粉芽期、晚粉芽期、初花期、盛花期、落花始期、落花末期几个发育阶段（图2-23）。

图2-23　蓝莓的开花过程

紧芽期：花芽未膨大，芽鳞完全关闭。

花芽膨大期：全树5%花芽开始膨大，芽鳞分开。

花序伸长期：全树5%花序的子花开始分离、伸长。

早粉芽期：全树5%花序上小花清晰可见且分离，花冠管短且未开。

晚粉芽期：全树 5%花序上的小花完全分离，花柄分开，花冠扩张且尚未开放。

初花期：全树5%的花冠完全开放。

盛花期：全树的花基本开放。

落花始期：全树有5%的花瓣正常脱落。

落花末期：全树有95%以上的花瓣脱落。

（三）授粉受精

正常的授粉受精是确保蓝莓高产优质的重要基础。

生产中蓝莓自花授粉和风媒授粉下，坐果率都不高。为确保授粉受精过程，蓝莓栽培中一方面需要配置授粉树，另一方面需要依赖合适的传粉者。

蓝莓授粉中也存在一定的花粉直感现象，它对主栽品种的果实横纵径、硬度、可溶性固形物含量、花青素、可滴定酸、可溶性糖等指标均存在影响。

相比自花授粉，异花授粉能提高坐果率，增大单果重，提高产量品质。

不同杂交组合配子的亲和性存在较大差异。因此，在蓝莓主栽品种确定后，应注意筛选合适的授粉品种进行混栽，以确保丰产优质。

蓝莓花朵下垂，花冠呈筒状或坛状，这种花态结构一定程度上限制了授粉过程。放蜂是解决提高蓝莓授粉的重要途径之一（图2-24）。

图2-24　蜜蜂授粉

蓝莓的坐果率也与花粉活力密切相关。研究表明，不同蓝莓品种花粉活力都比较高，但不同花后时间，花粉活力却存在一定差异。开花后3天内授粉，坐果率均较高；随后，逐渐下降；若超过8天，授粉效果将大打折扣。

授粉效果与外界温度、湿度等也密切相关。在温度15～25℃、湿度45%～75%时授粉最为适宜。花期降雨对蓝莓生产具有较大的负面影响，因此，花期经常降雨的地区应注意品种选择和避雨栽培。

四、果实发育

蓝莓果实发育呈现的是双S形曲线，其具有两个快速生长期，表现为先慢，再快，再慢，再次加快，再次变慢的生长节奏。具体包括3个关键阶段：快速生长期（第Ⅰ期）、暂时生长停滞期（第Ⅱ期）和成熟前第二次迅速膨大期（第Ⅲ期）。

12～25℃的温度范围和18～22℃的昼夜均温是蓝莓果实发育的适宜温度。

蓝莓成熟期早晚与果实发育的暂时生长停滞期天数长短有关。一般早熟品种此期天数短，晚熟品种长。另外，成熟前第二次迅速膨大期的天数长短也影响着蓝莓果实成熟期早晚。

蓝莓果皮颜色从果实发育的暂时生长停滞期开始，在成熟前第二次迅速膨大期发生快速转变。对于早熟品种来讲，这两个时期是密切相连的，果皮颜色也是连续转变的。蓝莓是呼吸跃变型果实，其果实呼吸量在蓝莓转色时出现瞬时增加。

蓝莓果实的大小受遗传因素影响大，因此主要由品种决定。一般优瑞卡果实>绿宝石果实>天后果实。绿宝石中，最大果实可达5.2克，天后单果重约为1.5克。

蓝莓成熟果的颜色一般为蓝色，但也有红色或白色果实，如红粉佳人的果实（图2-25）为红色，其可溶性固形物含量约为12%，含酸量约1.25%，糖酸比为9.6。

图2-25　红粉佳人红色果实

蓝莓果实在成熟过程中，细胞内也时刻发生着物质的积累与转化。一般可溶固形物含量在增加，有机酸含量在降低。

蓝莓成熟期，一天中的不同时间单果重有所不同。早晨9时前、下午4时后的单果重大于12时的单果重，尤其是大果型蓝莓更为明显。所以，一天中早晨9时前、下午4时后适宜蓝莓采收。

早熟品种一般随着采摘时间的推迟，果实重量也在持续增加，所以在保证货架期的前提下，尽量在转色后约10天采收，产量会更高。

蓝莓采摘后要做好田间热散失处理，否则极容易发霉腐烂，造成不必要的损失。

第三章 蓝莓生长发育对环境要求

我国蓝莓分布范围极广。北至寒温带气候区的大、小兴安岭，南至热带季风气候区的海南，西到海拔4 000米以上的青藏高原，东至海拔50米以下的长江中下游地区。但不同的气候、生物、地形等环境因子均影响着蓝莓的生长发育。

一、温　　度

温度是影响蓝莓分布和生长的决定因子。

（一）温度与蓝莓分布

一般认为，全年平均气温在5℃以上且连续超过160天的地区适合蓝莓栽培。但生长季节中10℃以上积温超过4 000℃的区域由于热量充足，矮丛蓝莓容易出现秋季二次花现象，不适合矮丛蓝莓栽培；10℃以上积温低于2 500℃的区域，半高丛蓝莓无法完成自然休眠，影响第二年的正常开花结实，不适合半高丛蓝莓栽培；10℃以上积温低于3 000℃的区域、休眠期内有效低温（0～7.2℃）累计低于800小时的区域不适合北高丛蓝莓栽培；1月平均气温低于0℃的区域、休眠期内有效低温低于300小时的区域不适合兔眼蓝莓栽培；1月平均气温低于0℃的区域、休眠期内有效低温累计时数低于150小时的区域不适合南高丛蓝莓栽培。

（二）温度与蓝莓生长

年生长周期中，蓝莓适宜的生长温度是13 ～ 30℃，但18 ～ 20℃被认为是蓝莓所有生长过程的最佳温度，24℃被认为更利于蓝莓花芽形成。

开花期间的温度对蓝莓花色有着重要影响。当春季白天气温在10℃以上夜温为4 ～ 9℃时，莱克西花蕾颜色能由白变红（图3-1），叶片颜色也逐渐变红（图3-2），但当夜间温度继续降到2 ～ 3℃时且超过5天时，莱克西品种部分幼叶呈现出了冷害症状（图3-3）；当夜间温度高于10℃达到14 ～ 20℃时，莱克西的花蕾颜色表现正常（图3-4）。

第一天　　第三天　　第五天

图3-1　白天气温在10℃以上、夜间温度为4 ～ 9℃莱克西花蕾颜色变化

第一天　　第三天　　第五天

图3-2　白天气温在10℃以上、夜间温度为4 ～ 9℃莱克西叶片颜色变化

第六天　　第八天

图3-3　白天气温在10℃以上、夜间温度为2 ~ 3℃持续5天后莱克西叶片情况

第一天　　第十一天

图3-4　白天气温在10℃以上、夜间温度为14 ~ 20℃莱克西花蕾颜色

研究同时发现，温度对花蕾红色的诱导是可逆转的。当4 ~ 9℃的夜间温度下获得的红色莱克西，转移到昼、夜温度均为14 ~ 20℃条件观察发现，花蕾的颜色能逐渐减退，但减退速度明显比变红的速度慢（图3-5）。

春季蓝莓展叶后，适宜光合作用的温度范围为15 ~ 28℃。当达到30℃或低于15℃时，光合速率迅速下降。30℃以上高温能导致蓝莓叶片的呼吸强度、气孔导度、蒸腾速率呈现先升后降趋势。

第五天　　第十天　　第十三天

图3-5　白天气温在10℃以上、夜间温度为14 ~ 20℃，莱克西的红色花蕾逐渐褪色

花期温度不宜超过30℃，否则严重影响蓝莓的坐果率。

果实发育期间，白天要维持在25 ~ 30℃，夜间不低于10℃。此期高温加干旱会显著降低果实的产量和品质。

（三）极端温度与蓝莓生长

夏季35℃以上的高温会导致叶片光合速率下降，时间过长还会导致蓝莓叶片焦枯，产生伤害，因此要注意降温处理和保证合理的水分管理。

低温容易导致蓝莓出现冻害和寒害。春季经常气温波动大，容易出现低温危害。实践表明，当温度下降到−7.5℃可损坏约50%的花朵。

当温度降至3℃时，蓝莓的生长受到抑制。

秋冬持续高温能造成蓝莓二次开花现象，降低蓝莓越冬性。如露地条件下绿宝石在南京12月上旬叶片保持常绿，部分结果枝出现了二次开花情况；但第二年的2月上旬发现，这些花受冻严重，越冬性差。

二、光　照

蓝莓喜欢通风透光的环境条件。选址时要选择坡度＜10°的向阳坡面，修剪上要采用多主枝自然圆头树形和疏枝等修剪手法予以调节。坡度＞10°的应修建水平梯田。

蓝莓属于短日照植物。长日照条件下，北高丛蓝莓会出现花芽分化不完全甚至不分化花芽的问题，但如果采用温室栽培等遮光处理，减少日照时数，北高丛蓝莓则能正常生长和花芽分化。

果实发育阶段的光谱组成对成熟蓝莓中的类黄酮含量有显著影响。红色、蓝色滤膜处理下蓝莓果实中的花色苷总量明显降低。短波长光处理能促进花色苷含量增加。种植地区的地理环境影响蓝莓花色苷含量，通常低纬度、高海拔地区种植的蓝莓，果实花色苷总含量高；高纬度、低海拔地区种植的蓝莓，果实花色苷总含量低。

长江中下游兔眼蓝莓避雨栽培后，可见光、中长波紫外线、光照强度显著降低，阴雨天蓝光强度明显下降，导致了果实可溶性固形物、花色苷含量降低，使得果实感官和营养品质在一定程度上也有所下降。

三、水　分

蓝莓根系分布浅，主根不发达，须根无根毛，以和真菌共生吸取营养，因此对水分极为敏感。

（一）蓝莓喜水

除休眠期外，蓝莓对基质水分全年要求保持在50%～70%。但基质水分过多，同样影响着蓝莓生长发育及果实产量、品质。

（二）蓝莓怕旱

各品种群中兔眼蓝莓抗旱能力最强，其次是半高丛蓝莓和高丛蓝莓，矮丛蓝莓最弱。当高丛蓝莓遇到干旱时，它的反应非常迅速，蒸腾作用会快速下降、茎干加粗和加长生长也迅速减弱。

果实膨大到成熟期间，干旱会导致果实变小，重量下降，产量降低。

蓝莓干旱时叶片会边缘焦枯、卷曲，如果得不到及时供水，症状会快速蔓延，严重时出现整株枯死（图3-6）。

图3-6　蓝莓干旱症状

生产上要注意及时浇水，增加田间湿度，避免干旱。必要时可喷施国光动力、国光络康、亚精胺，增强树体抗逆性。

（三）蓝莓怕涝

矮丛蓝莓、半高丛蓝莓、高丛蓝莓之间，抗涝性依次增强。吴林等观察发现，淹水15天，矮丛蓝莓美登50%以上叶片的叶缘、叶尖或叶脉变黄、焦枯；半高丛蓝莓北村仅30%以上叶片出现此症状，而高丛蓝莓艾朗受害状态刚刚出现。淹水28天后，美登叶片大部分脱落，植株基本死亡；北村近75%的叶片变黄、焦枯，并有部分脱落；而艾朗不足50%叶片的叶缘、叶尖变黄、焦枯，无叶片脱落。解除淹水，美登不能恢复；北村恢复情况一般；艾朗则很快恢复，且恢复程度好。

相同品种群中，蓝莓的不同品种在淹水后的反应也有差异。笔者观察发现，7月甜心淹水24小时后，植株生长势明显变差，死亡率高（图3-7），而绿宝石则基本不受影响（图3-8）。

图3-7　甜心淹水时及淹水5个月后的表现

图3-8　绿宝石淹水时及淹水9个月后的表现

淹水影响着蓝莓的生长和光合作用。淹过水的蓝莓，花芽较小，开花、成花延迟，果实脱落增加；同时，根表皮细胞体积、茎干中皮层细胞和叶片海绵组织细胞间隙也会增加。疫霉根腐病是蓝莓在排水不良土壤中的一种严重病害，淹水条件下，它的发生程度也会增强。

蓝莓喜水但怕涝，因此确保栽培基质透水透气十分关键。如果添加了质地黏重，排水性较差的基质原料，容易发生涝害，因此基质栽培中禁忌使用质地黏重的田园土，如水稻土。

果实发育期是蓝莓需水量最高的时期。此期缺水会严重导致果实产量和品质下降，树体生长状况变差，因此，此期没有灌溉系统的蓝莓园种植风险非常大。

蓝莓除做好基质水分管理外，还要注意空气湿度，尤其是开花期的空气湿度。在蓝莓开花期，当空气湿度低于20%时，花冠常常萎缩枯黄，这对花粉活力和雌蕊柱头影响较大，容易造成授粉不良。

四、共 生 菌

目前发现能侵染蓝莓根系的真菌有10余个属，其中以子囊菌纲和担子菌纲为主。它们专一性地寄生于杜鹃花科植物，因此又统称为杜鹃花科共生真菌。

杜鹃花科共生真菌侵染蓝莓根系时主要发生在土壤顶部30厘米内，颜色略显黄棕色的根段，而在靠近根尖的发白的幼嫩根段几乎没有菌丝存在。

杜鹃花科共生真菌侵染蓝莓根系后即形成菌根（图3-9）。蓝莓菌根弥补了蓝莓根系中根毛少的不足，扩大了蓝莓根系的吸收面积，提高了对水分、营养的利用能力，促进了植物生长和抗逆能力提升，但对蓝莓的叶片光合速率、蒸腾作用和水分利用效率等均无影响。

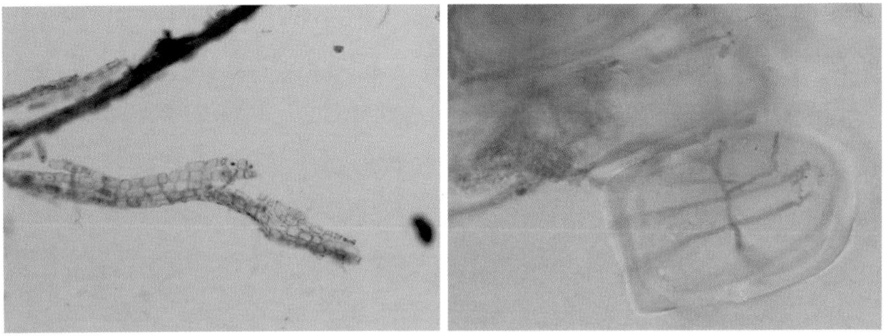

图3-9 蓝莓根系共生菌侵入细胞后的染色效果

杜鹃花科共生真菌具有腐生营养和活体营养双元生活方式，它们的基因组中既有一组降解细胞壁多糖的酶基因，也有一组承担腐菌功能的脂肪酶、蛋白酶和次级代谢酶基因。当基质矿化率低、营养贫瘠时，杜鹃花科共生真菌能促进宿主对营养元素的吸收。

五、基质酸碱度

栽培蓝莓的基质溶液并不是纯水，实际上是一种胶体溶液。

基质胶体溶液的存在导致了溶液中氢离子浓度和氢氧根离子浓度比例不同，从而使得基质溶液表现出了一定的酸碱性质。当基质溶液中氢离子浓度高于氢氧根离子浓度时，基质呈酸性，而且这种酸性的强弱随着溶液中氢离子浓度的增大而增强。

由于基质溶液是一种胶体溶液，因此基质溶液中氢离子浓度和基质胶体吸附的氢离子、铝离子保持着动态平衡关系，从而导致了基质酸度的调节不是简单向基质中增加氢离子量就可以完成的。基质溶液存在着一定的酸碱缓冲性。

pH通常用来衡量基质酸碱度的高低，它表示的是溶液中氢离子浓度的负对数。

蓝莓适宜在酸性基质上生长（图3-10），适宜的pH范围为4.5 ～ 5.5。栽培中可以以野生蓝莓、杜鹃花科植物、板栗等分布与否作为适合蓝莓栽培与否的判断参考。

图3-10　酸性基质上生长的蓝莓

在适宜蓝莓生长的基质中，活性铁、铝多。当pH＜4.5时，锰、锌、铜、钴化合物变为可溶性物质，它们在溶液中的浓度迅速升高，结果造成蓝莓中毒，出现长势不旺、生长量小现象。图3-11展示了pH＜3.5时蓝莓的生长状况。当pH处于6.0 ～ 8.5时，钙、镁化合物溶解度增加，铁的有效性下降，结果容易导致蓝莓缺铁而黄化，同样生长不良。高的有机质含量一定程度上可以提高蓝莓对pH＞6条件下的忍受强度，该类基质上蓝莓的长势依然良好。

图3-11　pH＜3.5时蓝莓的生长状况

降低基质pH的最常用方法就是施用硫黄，而增加基质pH的最常用方法就是施用石灰。基质栽培中，还可以采用草炭等酸性基质进行调节。硫黄和石灰的施用都需要数月时间的转化才能产生pH的调节效应，因此生产上要注意提前使用。

六、基质有机物

基质有机物泛指以各种形态存在于基质中的含碳化合物，它是基质肥力的物质基础。

有机物在不同基质中含量差异很大，如草炭土中含量能达到20%以上，而一些砂质田园土则不足0.5%。我国东北地区田园土有机物含量高，多在5%以上，华北、西北地区大部分低于1%，华中、华南一带在1.5%～3.5%。

在微生物的作用下，基质有机物会发生分解和合成两个过程。有机物分解过程又称矿质化过程，是指有机物被分解为简单的无机化合物的过程；有机物合成过程就是形成新的、较稳定的大分子、复杂的腐殖质的过程，该过程又称腐殖化过程。

有机物的碳氮比是影响基质肥力的重要因素。一般来说，微生物在碳氮比为25∶1条件下生活旺盛，因为其生命活动中每吸收25份的碳就需要吸收1份的氮。当基质中碳多氮少时，微生物就存在和蓝莓争夺氮肥的问题，从而影响蓝莓的生长；相反，当基质中存在碳少氮多时，则微生物和蓝莓的氮素供应充足，互不影响。按照此要求，当基质中增施有机物时，如果该有机物尚未充分腐熟，其碳氮比会高于25∶1，因此需要注意同时增补氮肥；反之，如果增施的有机物为充分腐熟的，则不存在增补氮肥的问题。一般禾本科植物的茎秆碳氮比为（50～80）∶1，豆科植物的碳氮比为（20～30）∶1。当蓝莓根部覆盖锯末、秸秆等有机物时，需要增施一定的氮肥。

基质腐殖质可促进微生物生长、改善基质理化性质、促进蓝莓更好地吸收养分、支撑蓝莓树体并促进蓝莓生长。有机物丰富的基质腐殖质含量高。根据研究，适宜蓝莓生长的基质中腐殖质含量最低不能低于3%。

基质腐殖质常见来源是有机肥料。通常，在蓝莓定植前播种绿肥、增施有机肥等方式解决。蓝莓园施用的有机肥以腐熟的牛、羊等食草动物粪肥为佳，同时增补草炭、腐熟的松树皮、锯末等有机物更好。如果需要降低pH，最好能与硫黄拌施。

第四章
栽培基质与控根容器

一、基质原料

基质是蓝莓根系着生地和营养摄取地，发挥着固定蓝莓和为蓝莓生长提供水、肥、气、热等肥力因素的作用。要给蓝莓提供一种“吃饱、喝足、站稳、舒服”的立地条件，就必须做好蓝莓栽培的基质配制和管理。蓝莓栽培基质多由几种基本原料混合而成。

（一）基质原料分类

蓝莓栽培常用基质原料按容重分为重基质、轻基质和半轻基质；按供应养分性质分为活性基质和惰性基质；按组成分为单一基质和复合基质；按来源分为天然基质和合成基质；按原料形态分为有机基质和无机基质（图4-1）。

1.重基质、轻基质和半轻基质 重基质以田园土、河沙等营养土为主，质地紧密，容重大，基本在0.75克/厘米^{3}以上。

轻基质以轻质原料为主，包括稻壳、秸秆等植物残体，珍珠岩、蛭石等矿物废料，以及腐熟的农家肥、食用菌下脚料等有机矿化物。它具有质地疏松、比重较轻的特点，容重一般小于0.25克/厘米^3。

半轻基质以重基质和轻基质的混合物为主，其质地、容重介于二者之间。

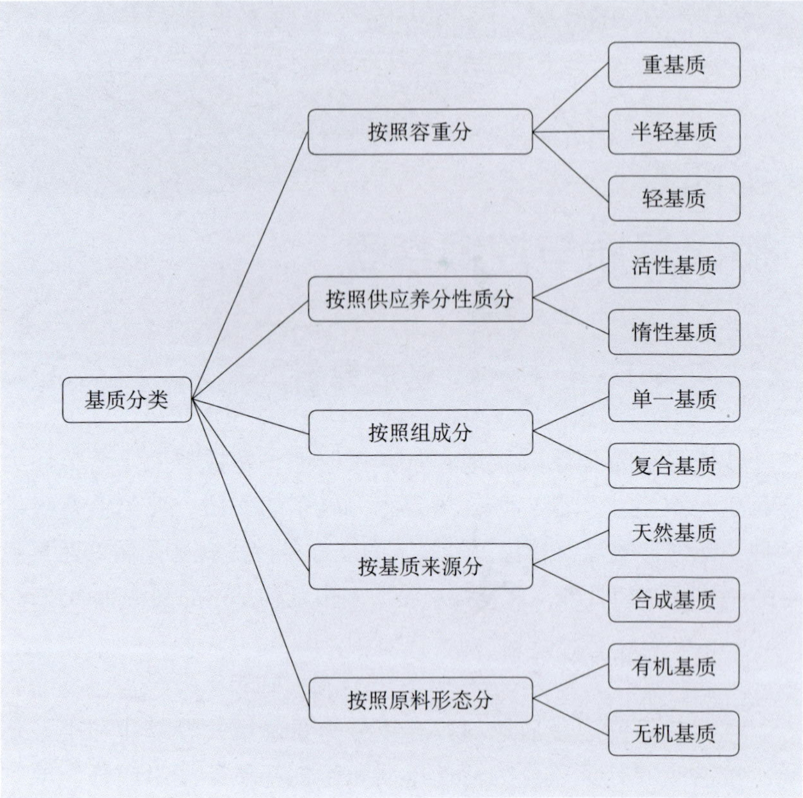

图4-1　常用基质原料分类

2.活性基质和惰性基质　活性基质指具有盐基交换量或本身能供给植物养分的基质。惰性基质指基质本身不起供应养分作用或不具有盐基交换量的基质。

泥炭等含有植物可吸收利用的养分，并且具有较高的盐基交换量，属于活性基质。沙、石砾、泡沫塑料等本身既不含养分也不具有盐基交换量，属于惰性基质。

3.单一基质和复合基质　单一基质指以单一一种基质作为植物生长介质的基质，如沙、石砾和岩棉等。

复合基质是指由两种或两种以上的单一基质按一定的比例混合制成的基质。

4.天然基质和合成基质 沙子、石砾、蛭石等非人工合成基质为天然基质，岩棉、陶粒、泡沫等人工合成基质为合成基质。

5.有机基质和无机基质 有机基质以有机物为主要成分，无机基质以无机物为主要成分。

有机基质因其化学组成复杂、易分解等特性，理化性质相对不稳定。其分解产物可增加基质养分，影响基质的营养状况，因此，调控基质营养时常被使用。有机基质具有团聚成粒作用，因此可保持基质的疏松状态、稳定混合物容重、改善基质的理化性质。但该类基质常在有机质含量、分解程度、酸碱度等指标上存在差异，因此不同批次间质量不同。

（二）常用基质原料

1.草炭 又称泥炭，草煤等，由苔藓、苔草、芦苇等水生植物以及松、桦、赤杨、羊胡子草等陆生植物在水淹、缺氧、低温、泥沙掺入等条件下未充分分解堆积而成。

草炭是一种有机质含量丰富（一般超过50%）的天然有机物，总孔隙度在75%～85%，具有较高的透气、保水、渗水性，带菌少、容量小、缓冲性强，pH 4～6。

草炭分为低位草炭、高位草炭和中位草炭。低位草炭矿化度高、元素含量多，可直接用作肥料，但容重较大，吸水透气性差，不宜做基质；高位草炭矿化度低，养分少，容重较小，吸水透气性好；中位草炭介于二者之间。

草炭持水力有差异，使用时宜掺入适量的沙、珍珠岩、蛭石等原料来调整整体的持水性能。草炭也是砂砾土改土和培肥的理想材料。

草炭含有大量黄腐酸和胡敏素，酸性官能团丰富，因此能吸收氢氧根离子，使基质碱性降低，有利于蓝莓的生长。

草炭为不可再生资源，过度开采会导致资源枯竭，并大面积地破坏湿地。

2.稻壳和炭化稻壳 稻壳是大米外面包裹的壳。稻壳纤维素、木质素含量高，不宜直接做基质。稻壳容重为0.19 克/厘米^3，pH 7左右，养分有效性和可溶性盐含量高，总孔隙度约占82%，持水力比较弱。灌溉后的空气含量高，约达70%，与泥炭等持水力高的基质混合，可改善基质的性能，因而常与其他基质材料配合用作土壤改良剂。

炭化稻壳亦称砻糠，由稻壳隔绝空气后加热而成的固体产物。它容重小、孔度大（约为83%）、保湿性好、偏碱或强碱性，使用前需灌水清洗，以稳定酸碱度。

3.木屑 木屑是木材切割后遗留下的副产品。

木屑容重小，约为0.19 克/厘米^3，质轻，吸水力强，持水量大，通透性好（总孔隙度约78%），易带病虫，偏酸（pH 4 ~ 6），盐基交换量较高。一般木屑碳素含量高。作为基质的木屑颗粒不宜太细，这样便于使用过程中保持良好结构，避免分解速度加快。

不同树木的木屑成分差异很大，作为基质以发酵的松树等针叶类树木木屑为宜，桉树、侧柏等树木的木屑有毒不宜使用。发酵后的木屑颜色为褐色，有特殊发酵味，无木材松节油等异味，碳氮比约为25 ∶ 1。未发酵腐熟的木屑因碳氮比大于25，直接使用会导致幼苗与微生物争夺氮素而生长不良，使用前需补氮腐熟，或添加适量黏土、氮肥和有机肥。

黏质土壤中发酵木屑是极为优质的改良材料。

4.菇渣 菇渣是指种过食用菌后的有机基质。它有机质含量高，理化性质好，应用时应堆制发酵，以防病菌虫卵的传播。

菇渣的pH 7.9，容重约为0.55克/厘米^3，总孔隙度为65%，通气孔隙为4%，持水孔隙为61%，大小孔隙比为0.77。

5. 树皮 树皮的化学组成包括木质素、纤维素、半纤维素、蜡树脂、丹宁、淀粉果胶、灰分等成分，其碳氮比常高于25 ∶ 1，pH 4 ～ 7。有些树皮含有毒物质，不能直接使用。

大多数树皮含有较多酚类物质，对植物生长有害，而且树皮的碳氮比都较高，直接使用会引起微生物对氮素的竞争。为了克服这些问题，必须将新鲜树皮进行堆沤，堆沤时间至少应在1个月以上。树皮的容重0.4 ～ 0.53克/厘米^3，与草炭相近，但阳离子代换量和持水力低，碳氮比高，栽培过程中会因物质分解而使其容重增加，体积变小，结构破坏，造成通气不良，易积水。

覆盖所用松树皮大小以5 ～ 15厘米为宜，改土所用松树皮会小一点，以2 ～ 10厘米为宜。

6. 松针 松针是松科松属植物的叶子。松针具有资源丰富、再生速度快、可持续利用、价格低廉、绿色环保和营养丰富的优点。松针充分腐熟后会释放黄酮进入土壤，改善土壤理化性质，促进植物生长发育。

松针可以作为土壤覆盖材料，减少杂草生长，降低土壤蒸发量，同时不影响土壤透气性，高温干旱天气可以降温保湿，同时进入土壤后还可以提供有机质，改善土壤生态环境。

7. 松针土 松针土就是松针掉落后经过微生物分解而成的一种疏松基质。松针土保水性强、透气性好，容重低，内部大空隙多，能给蓝莓根部提供大量氧气。野外直接采回来的松针土使用前应堆制发酵，防止病菌虫卵传播。发酵充足的松针土pH偏酸，约为5.1，特别适合蓝莓栽培。

8. 醋糟 醋糟，也叫醋渣，是食醋生产过程中产生的副产品。

醋糟的主要成分是谷壳、稻穗等分解物，具有一定氮、磷、钾含量。醋糟的pH 4.5 ～ 6.4，容重约为0.11克/厘米^3，总孔隙度为85%，通气孔隙为46%，持水孔隙为38%，大小孔隙比为1.2。但醋糟的总盐量容易偏高。

9. 椰糠 椰糠是椰子外壳在加工过程中产生的副产品，是椰子果皮中短纤维和粉末的混合物。

椰糠资源丰富，缓冲能力强，天然环保。椰糠腐熟后具有稳定的结构、较大的总孔隙度、优良的保水和透气性、较小的容重和弱酸性。

椰糠含钠量偏高，使用时要注意用清水洗钠3 ~ 4周以上再使用。

10. 珍珠岩 珍珠岩是火山硅酸岩经760 ~ 1 200℃高温煅烧而成的膨化制品。

珍珠岩pH > 7.6，为封闭的多孔结构，具有总孔度大（约93%）、持水量高的特点，它与草炭等粒径较小的基质混合使用，可保持基质的疏松透气。考虑到氧化钠的存在，一次用量不宜过大。

11. 河沙 河沙是岩石经水流冲刷等风化而形成的不规则颗粒。

河沙取材方便，本身无毒、无化学反应、无缓冲性。含量高时，基质的排水通气性好、导热快。粒径以0.1 ~ 2.0毫米为宜。

12. 陶粒 陶粒是陶土在800℃以上高温陶窑中煅烧制成。

陶粒外壳硬而致密，内部为蜂窝状孔隙结构，质地疏松。容重0.5 ~ 1.0克/厘米^3，大孔隙多，排水通气好，坚硬，不易破碎，可反复使用。化学特性受原料成分影响，pH4.9 ~ 9.0，有一定的盐离子代换量。

13. 蛭石 蛭石由云母片经850℃以上高温焙烧、膨胀而成。

蛭石容重轻、带菌少，具有良好的透气性和保水性，pH > 7.6，以粒径3 ~ 5毫米最为常用。

（三）植物营养

1. 有机肥 由作物秸秆、家畜粪尿、家禽粪尿、城市污泥等有机物腐熟而成。该类原料有机质含量丰富，营养全面，矿质元素含量低，理化性质适宜，是一种理想的基质。但使用时必须和其他基质混合，同时由于可能含有病菌虫卵等，需要充分发酵。有机肥使用时最好与化肥混合搭配使用。

家畜粪中，牛粪有机质含量高、氮素含量低，碳氮比大；羊粪肥分浓厚，尤其是有机质、氮、磷、钙含量更突出，属于热性肥料；猪粪养分含量丰富，碳氮比低，肥劲柔和。鸡因其短肠道，饲料利用率仅约30%，所以鸡粪有机质丰富、矿质营养较高，氮磷钾含量为猪粪的2倍以上。

蚯蚓粪是蚯蚓排出的粪粒，其质量轻、透气性好、排水性好，持水量高，氮、磷、钾、锌、铜、锰、铁、镁等元素含量和氨基酸含量较高，有机质和腐殖质含量能达到30%。

饼肥是油料植物种子压榨去油后剩下的残渣，有菜籽饼、棉籽饼、花生饼等。饼肥含有较高氮、磷、钾及锌、铜、锰、硒等微量元素，其有机物质、蛋白质含量高，碳氮比小，分解快，可以为植物提供丰富的氮素营养。

腐叶土又称腐殖土，是植物枝叶在土壤中经过微生物分解发酵后形成的营养土。

田园土又称菜园土，因经常施肥耕作，肥力较高，团粒结构好，是配制培养土的主要原料之一。

堆肥主要由作物茎秆、绿肥、杂草等植物性物质与泥土、人粪尿、垃圾等混合堆制，经好气微生物分解而成的肥料。

沤肥主要由作物茎秆、绿肥、杂草等植物性物质与河泥、塘泥及人粪尿同置于积水坑中，经微生物嫌气发酵而成的肥料。

沼气肥主要由作物秸秆、青草和人粪尿等在沼气池中经微生物发酵制取沼气后的残留物。富含有机质和必需的营养元素。

废弃物肥料主要以废弃物和生物有机残体为主的肥料，包括生活垃圾、生活污水、屠宰场废弃物、海肥等类型，富含丰富的营养元素和有机质。

2. 化肥 化肥所含营养成分比较单一，施入土中分解速度快，见效快。

（1）铵态氮肥

①硫酸铵。简称硫铵，含氮量20%～22%，通常被用来作为氮肥的标准肥。纯净的硫酸铵为白色结晶，物理性质较好，在自然状态下很少吸湿，不结块，便于贮藏和使用。常温下，化学性质比较稳定，不易分解。基质对硫酸铵的缓冲性高，肥料所产生的酸不会影响基质的性质，并且硫酸铵可作基肥、种肥和追肥使用。

②碳酸氢铵。碳酸氢铵为白色或淡灰色颗粒结晶，含氮量为16%～18%，易溶于水，但溶解度不高，水溶液为碱性。干燥的碳酸氢铵在20℃以下化学性质比较稳定。它可以作为基肥和追肥使用。

③尿素。通常情况下为白色晶体，无臭无味，含氮量为45%～46%，易溶于水，水溶液呈中性。尿素可作基肥使用，但是最适宜作追肥使用。

④氨基酸肥料。氨基酸肥料是以植物可吸收利用的氨基酸为基础，加入氮、磷、钾、铁、铜、锰、锌、硼等元素，经过螯合或络合形成的有机无机复合肥。氨基酸有机肥对蓝莓有较好的增产作用。

（2）磷肥 常见的磷肥有水溶性磷肥、弱酸溶性磷肥和难溶性磷肥三种形式。水溶性磷肥包括过磷酸钙、重过磷酸钙、磷酸一铵、磷酸二铵和磷酸二氢钾。弱酸溶性磷肥主要有钙镁磷肥、钢渣磷肥和偏磷酸钙3种形式。难溶性磷肥含磷量为10%～20%，灰色粉末，不溶于水，少部分溶于弱酸，可作为基肥和追肥使用。

①过磷酸钙。有酸味，腐蚀性强，为灰白色粉末或颗粒。有效磷含量为12%～25%。可作为基肥也可以作为种肥和追肥使用，同时还可以配成水溶液作根外追肥使用。

②重过磷酸钙。含有效磷40%～50%，性质比普通过磷酸钙稳定，易溶于水，水溶液呈弱酸性，其产品通常情况下呈颗粒状，物理性能好，便于储藏。

（3）钾肥。蓝莓常用的钾肥是硫酸钾。硫酸钾是白色晶体，含氧化钾48%～52%。易溶于水，属化学中性、生理酸性肥料。可作为基肥和追肥使用，由于钾离子在基质中流动性较差，因此最好作为基肥使用。

（4）复合肥。复合肥是指同时含有氮、磷、钾三要素或只含其中任何两种元素的化学肥料。具有养分含量高、副成分少、养分释放均匀、肥效稳而长、便于贮存和施用等优点。

常用的复合肥料有磷酸二氢钾、磷酸二铵、磷酸一铵、硫基复合肥等。

①磷酸二氢钾。白色或灰白色粉末，吸湿性小，易溶于水，呈酸性。含氯化钾30%～34%，主要用于浸种和叶面追肥使用。

②磷酸二铵。一种含磷很高的二元复合肥。总养分含量大于62%，一般含氮17%以上、含磷45%左右。肥料近中性，不含氯，可作基肥和追肥使用。

③磷酸一铵。黄色颗粒物，易溶于水，易吸潮，弱酸性，含氮10%～14%，含磷40%～52%，可作基肥和追肥使用。

（四）土壤调酸剂

1.硫黄粉 化学成分为单质硫。施入基质后，它先与氧气、水发生反应生成亚硫酸，进一步反应生成硫酸。亚硫酸、硫酸均具有调酸作用，可降低基质酸碱度，同时也可以起到一定的抑菌驱虫效果。

硫黄施入基质约2个月后才能起到调节作用，具有滞后效应，但效果持久。

2.硫酸亚铁和硫酸铝 硫酸亚铁，俗称绿矾，常被用作酸性土壤改良剂、复合肥料添加剂、果蔬除草剂。硫酸亚铁属于强酸弱碱盐，因此它在土壤溶液中首先电离出亚铁离子，亚铁离子会进一步发生水解释放出大量的氢离子，从而使得土壤酸性增强。硫酸亚铁调节土壤酸性肥效快，但持续时间不长，需要经常施用。

硫酸亚铁中的亚铁离子也可以被植物直接利用，因此也称铁肥。它在植物体内能促使叶绿素形成，因此也可用于防治蓝莓因缺铁而引起的黄化病。

硫酸铝施入基质后会发生电离产生铝离子，铝离子又可发生水解释放出大量的氢离子。这些氢离子可中和部分土壤碱，同时与胶体吸附或矿化固定的钙离子和钠离子发生置换，结合灌水可显著降低土壤的碱化度，增强土壤酸性。硫酸铝主要适用于盐碱含量高的基质。硫酸铝施用后能迅速有效地降低土壤酸碱度，也能提高阳离子交换量、降低交换性钠和全盐量，从而提高植物的耐盐性，具有较好的改良效果，但硫酸铝降低土壤酸碱度的持续时间短。

在蓝莓植株受土壤酸碱度过高危害时，施用硫酸亚铁、硫酸铝能及时缓解危害症状，保证植株正常生长，但它们都有一定的毒害作用，使用时不能超标。

3. 生物硫黄类土壤调酸剂　生物硫黄类土壤调酸剂是将生物硫黄和活性硫杆菌按一定比例经物理加工而成的一种土壤调酸剂。其中，硫杆菌是一种无色硫细菌，它能将硫化物氧化成单质硫或硫酸盐，或将硫代硫酸盐氧化为硫酸盐。

生物硫黄类土壤调酸剂施用后能有效降低土壤酸碱度，快速补充硫元素。生物硫黄类土壤调酸剂含有微生物，需要在密封、阴凉、干燥条件下保存。

二、基质配制

(一) 栽培基质的类型

蓝莓栽培基质一般分为营养土、无土基质和混合基质三类。

营养土通常由肥沃的田园土和优质腐熟的农家肥，以及一定比例的土壤调酸剂混合而成。该类基质透气保水性好，病虫害少，富含多样营养元素。

无土基质则以草炭、稻壳、木屑、树皮、椰糠、菇渣等有机原料为主，混合一定比例的珍珠岩、河沙、陶粒、蛭石等无机原料而成。无土基质疏松，透气保水性好，但所含营养不及营养土。无土基质不用添加专门的调酸剂即可呈现微酸性。

混合基质由营养土和无土基质混合而成。

(二) 栽培基质的调配

1. 基质的调配原则 基质的调配，一方面要考虑基质的适用性，另一方面要考虑基质的经济性。从适用性来讲，基质应具备有机质丰富、质地疏松、保肥保水性强、酸碱度适宜、不危害人畜健康、不影响生态、具有良好缓冲性能和化学稳定性的理化特征。从经济性来考虑，基质应具备取材方便、价格低廉、清除方便、因地制宜的特点。实践证明，草炭是较好的基质。

目前，单一基质原料很难直接满足蓝莓的营养和环境要求，生产上常需将2～3种基质原料混合，形成复合基质加以应对。控根容器基质栽培蓝莓使用的基质常用配方有：椰糠∶草炭∶珍珠岩＝1∶1∶1、草炭∶椰糠∶有机肥∶田园土＝4∶2∶1∶2，园土∶泥炭∶松针＝4∶1∶1（加硫黄粉500克/米^3）等。基质配方中未添加有机肥时则需要在栽培过程中予以增补，以满足蓝莓对基础肥的需求。

蓝莓基质适宜的水气指标为：容重0.9 克/厘米^{3}以下、总孔度65%以上、通气孔隙大于15%、水气之比为1 ： (2 ~ 4)。

为降低基质容重，可适当增加轻型基质的比例或降低重型基质的比例。相反，若为增加容重，则宜增加重型基质的比例或降低轻型基质的比例。基质容重过小，基质疏松，通气性好，但持水性差，黏结性缺乏，浇水时易漂浮飞溅，不易固定根系；而容重过大，则过于紧实，通气、透水性差，持水困难而又保水能力强，不利出苗和管理，增加商品苗的运输难度。

基质的总空隙度与基质的粒径大小有关。为增加总孔度，可提高大粒径基质的比例或降低小粒径基质的比例；相反，若为降低总孔度，可考虑降低大粒径基质的比例或增加小粒径基质的比例。基质总孔度大，则基质疏松，通透性好，养分分解快，利于根系生长，但固定和支持作用差；而总孔度小则基质紧实，通透性差，养分分解慢，不利于根系生长发育。适宜的孔度指标为总孔度不低于65%，通气孔隙大于15%。为满足这一指标，一般控制0.05 ~ 2.5毫米粒径的基质占总体积的60%左右。

基质的保水性取决于基质原料的亲水性。通常，草炭、木屑等有机基质属于疏水原料，而蛭石、沙、珍珠岩等无机基质属于亲水原料。为增加基质的保水性，可适当增加亲水原料和疏水原料之比，生产中适宜的二者比例为1 ： 2，即1份亲水原料中可添加2份疏水原料。

蓝莓对基质酸碱度的要求高，适宜的pH 4.5 ~ 5.5，根据蓝莓特性调配适宜的酸碱基质是确保蓝莓栽培成功的前提。

基质中可溶性盐含量对蓝莓影响也很大。一般要求基质中的可溶性盐含量不宜超过0.1%，否则会干扰追肥浓度的确定，甚至对蓝莓直接产生毒害。一些醋糟中存在着含盐量过高的问题。

基质的碳氮比若大于25 ∶ 1，则会导致幼苗与微生物争氮，从而影响幼苗生长。因此，有机基质使用前，需补氮或腐熟后再使用。

2. 基质配制的注意事项　在产业化栽培条件下，为保证栽培技术的相对稳定和蓝莓树体质量的相对恒定，栽培基质注意不宜经常更换。基质原料在应用前，应予以过筛除去石块等杂物；应予以冲洗除去泥土盐分；应予以粉碎创造合适粒径。

三、控根容器

控根容器又名控根育苗容器、火箭盆控根容器，20世纪90年代由澳大利亚人研发，1996年开始在中国推广，最初用于林木育苗。

（一）控根容器的结构与功能

控根容器的基本结构包括底盘、侧壁、螺栓（或插杆、铆钉）3部分。

底盘为筛状构造，具有防止主根缠绕的作用，但生产实践中一般很少使用底盘。

侧壁为一张塑料板，上面布满了用以扩大表面积的凸凹相间的突起孔口，同时内壁涂有一层特殊薄膜以刺激侧根的产生。侧壁具有“空气修剪”作用，即当植物根系生长到侧壁奶嘴顶端孔洞位置时，根尖由于接触到空气，因此就会自动停止生长并萌发更多侧生新根。这能极大地增加短而粗的侧根数量，使得根系构型须根化并增大根系表面积，从而提高根系对水分、养分的吸收效率，改进植物的生存质量。另外，这也能避免常规容器中容易出现的根系畸形、缠绕盘根的不足。

螺栓为固定侧壁装置，起缝合侧壁作用，它有螺丝状和插杆状两种设计。

（二）控根容器的组装与使用

侧壁组装时首先要根据容器大小进行长度裁剪，然后再用螺栓将侧壁两端固定成环。

由于控根容器的外周和顶部与空气交换频繁，故使用时要注意增加基质用量，提高防风、防冻能力。

控根容器的侧壁上布满小孔，浇水时容易出现基质表面湿内部干、水从小孔流淌等问题，所以要注意提高基质透水性并适当降低灌水流速度以加长灌溉时间，在栽植蓝莓时将基质做成四周高中间低结构（图4-2）。另外，在容器外围堆一圈土待容器内基质淀实成型后再予以搬除也是一种有效的解决方法（图4-3）。

图4-2　控根容器顶部的四周高中间低结构

图4-3　控根容器外围堆土

（三）控根容器的应用效果

试验表明，控根容器栽培蓝莓具有促进树体增高、枝条增粗、根系生长及冠幅、叶面积、百叶干重、须根量增加的效果，尤其是在侧根数量多、根系不缠绕、无畸形方面的表现更为突出（图4-4）。

图4-4 控根容器栽培的蓝莓根系状况

第五章 蓝莓的优良品种

一、蓝莓植物学分类与品种群

（一）蓝莓植物学分类

根据《中国植物志》，蓝莓属于杜鹃花科越橘属（*Vaccinium* spp.）植物。越橘属又称乌饭树属，全世界约有450种，我国约有91个种，24个变种及2个亚种，主要分布在西南、华南的温带和暖温带森林地区。

目前，具有栽培利用价值的商业化蓝莓品种主要来自越橘属青液果亚属（*Sect. cyanococcus*），包括兔眼越橘（*V. virgatum*）、高丛越橘（*V. corymbosum* L.）、狭叶越橘（*V. angustifolium* Aiton）、常绿越橘（*V. darrowi*）、小穗越橘（*V. tenellum*）、绒叶越橘（*V. myrtilloides*）和北方越橘（*V. boreale*）7个种。兔眼越橘有二倍体（$2n=2x=24$）和六倍体（$2n=6x=72$）之分，高丛越橘则有二倍体（$2n=2x=24$）、四倍体（$2n=4x=48$）和六倍体（$2n=6x=72$）3种倍性，狭叶越橘为四倍体（$2n=4x=48$），常绿越橘、小穗越橘、绒叶越橘、北方越橘均为二倍体。

（二）蓝莓品种群

商业化栽培的蓝莓品种主要为高丛蓝莓、兔眼蓝莓和矮丛蓝莓3个品种群（图5-1）。高丛蓝莓依据抗寒性可进一步分为南方高丛蓝莓（又称南高丛蓝莓）、北方高丛蓝莓（又称北高丛蓝莓）和南北方中间型高丛蓝莓（又称为中高丛蓝莓）。生产中还有半高丛蓝莓品种群，由高丛蓝莓和矮丛蓝莓杂交品种构成。

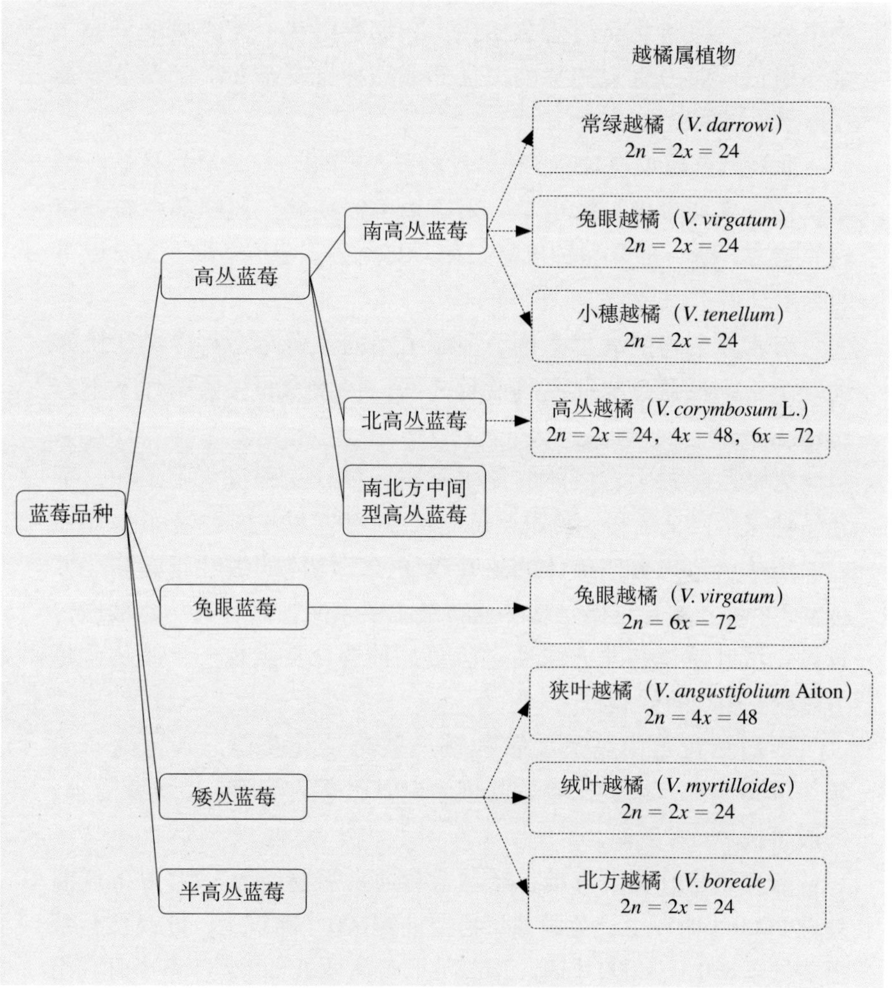

图5-1 蓝莓品种、品种群及植物学分类

南高丛蓝莓是从北高丛蓝莓中分离出来的。20世纪60年代，美国人用四倍体的北高丛越橘与二倍体常绿越橘杂交，育成了佛罗里达四倍体。后来，佛罗里达四倍体进一步与兔眼越橘、小穗越橘杂交改良，育出了一系列新品种，统称为南高丛蓝莓。可见，南高丛蓝莓的遗传背景主要来自二倍体的常绿越橘、兔眼越橘和小穗越橘，但与北高丛蓝莓相比，它拥有耐热、需冷量低、对土壤环境适应能力更强的基因，且部分品种自交亲和。南高丛蓝莓在冰点以下时就会受冻。

北高丛蓝莓来自具有3种倍性的高丛越橘，它具有树体矮、结果早、成熟期集中、抗干旱、采摘果蒂痕完整、风味甜、抗茎腐病等遗传背景。部分品种自交亲和。北高丛蓝莓能适应−20℃以下的低温，但不耐高温、多湿和干旱。

南北方中间型高丛蓝莓更多源于南高丛蓝莓，需冷量和抗寒性介于南高丛蓝莓和北高丛蓝莓之间，在较冷的气候条件下不容易越冬。

兔眼蓝莓源于六倍体的兔眼越橘，部分品种自交不亲和，部分品种完全自交亲和。兔眼蓝莓的花芽在0℃以下时会受冻。

矮丛蓝莓来自四倍体的狭叶越橘、二倍体的绒叶越橘和北方越橘3个种。狭叶越橘是矮丛蓝莓最主要来源，具有高丛越橘遗传背景；绒叶越橘和北方越橘对蓝莓品种选育贡献较小。矮丛蓝莓可忍耐−30℃的低温。

半高丛蓝莓由高丛蓝莓和矮丛蓝莓杂交获得，其树高一般50～100厘米，果实比矮丛蓝莓大，但比高丛蓝莓小，抗寒力强，一般可抗−35℃低温。

蓝莓正常开花发育前，矮丛蓝莓通常需要经历7.2℃以下低温处理1 000小时以上，兔眼蓝莓需要处理600小时以上，北高丛蓝莓需要处理800～1 000小时，南高丛蓝莓需要处理大约550小时，南北方中间型高丛蓝莓需处理范围很广，从400小时到800小时不等。

我国高丛蓝莓和兔眼蓝莓主要为人工栽培，而矮丛蓝莓基本以野生为主。

二、主要优良品种

优良品种是保障蓝莓产业健康发展的基础，是引领蓝莓产业发展的源动力。目前，国内商业化栽培的蓝莓品种主要来自国外，极少量由国内自主选育。尽管国内已育成了至少66个新品种，但商业化品种还十分稀少。

蓝莓品种按照用途可分为鲜食品种、加工品种及鲜食加工兼用品种，按照栽培类型可分为露地栽培品种和设施栽培品种，按照一年结果次数分为一季果品种和两季果品种，按照采摘方式可分为采粒品种和采串品种，按照成熟期可分为早熟品种、中熟品种和晚熟品种。

（一）高丛蓝莓品种群

1.南高丛蓝莓　南高丛蓝莓对土壤适应性强，喜湿润、温暖气候，是我国商业化栽培蓝莓的主要品种群，适于我国黄河以南地区发展。

（1）薄雾（Misty）　薄雾（图5-2）由美国佛罗里达大学1989年选育。中熟品种，需冷量约150小时。树体微开张，生长势强。易丰产，宜重修剪。花长圆形。南京地区果实成熟期在5月下旬至6月中旬；采摘期长，约30天。果实扁圆形，平均重约2克，最大可超过3克，有香味，硬度高，口感稍酸。七年生树单株产量约5千克。

（2）比洛克西（Biloxi）　比洛克西（图5-2）由美国农业部1998年公布。早熟品种，需冷量低于500小时。树体常绿，树势旺，产量高。果实大小中等，果蒂痕中等，浅蓝色，硬，甜度高，风味好。抗病力较差。

图5-2　薄雾果实和比洛克西果实

(3) 绿宝石 (Emerald)　绿宝石 (图5-3、图5-4) 由佛罗里达大学1991年选育。早熟品种。需冷量约250小时。树体开张，长势强，易丰产，枝条对溃疡病和茎枯病抵抗性强。果实大，扁圆形，平均重约2.5克，最大可超过5克以上，硬度高，贮藏性好，便于运输，风味佳，颜色呈中等蓝色。南京地区果实成熟期在5月中旬，采摘期约30天。成花容易，但初冬期易开二次花，且随着后期温度降低，木质化程度弱的花枝逐渐出现抽干现象。绿宝石容易感染灰霉病。

图5-3　绿宝石的树体和二次花落花状

视频1　绿宝石

视频2　新千年

(4) 新千年 (Millennia)　新千年 (图5-4) 又称圣蓝、娜美尼亚、新世纪、胜蓝、盛世、森蓝，1986年由佛罗里达大学选育。早熟品种。需冷量约300小时。树体开张，长势强，产量高，新梢微红。果实中等大而硬，略带果蒂痕，中蓝色，风味中等。南京地区果实成熟期在5月中下旬，采摘期约25天。

（5）天后（Primadonna） 早中熟品种，2007年由佛罗里达大学选育。需冷量少，约200小时。树体半直立，树姿圆形，长势旺，结果量大，易丰产，适应性强。果实中等大，扁圆形，平均重约1.6克，硬度中等，较耐贮运，口感甜，风味浓（图5-4）。南京地区果实成熟期在5月中下旬，采摘期约25天。

视频3 天后

图5-4 绿宝石果实、新千年果实和天后果实

（6）夏普兰（Sharp Blue） 1976年由佛罗里达大学选育。早熟品种。需冷量约150小时。树姿开张，长势强，产量高。果实大，中等硬，略带果蒂痕，呈中蓝色，风味极佳。果实品质对高温敏感。

（7）蓝美1号 2019年由浙江蓝美农业有限公司选育。早熟品种。树姿半开张，适应性强，易丰产。果实高圆形，浅蓝色，果蒂痕小，质地硬，风味良。鲜食、加工两用品种。对我国长江流域黏重土壤和夏季高温有较好的适应性。

（8）优瑞卡（Eureka） 2014年由澳大利亚的山蓝果园选育。早中熟品种。需冷量200 ~ 250小时。树体具有常绿特性，树姿直立，长势强，非常高产。叶片特大。优瑞卡果实大、硬、甜，略带果柄痕，耐运输（图5-5）。自花结实率差，需要授粉树。

图5-5　优瑞卡树体与果实

2. 北高丛蓝莓　北高丛蓝莓喜欢冷凉气候，耐寒性强，需冷量一般在800～1 200小时以上。该品种群树体偏矮，枝条年生长量小，适于我国北方沿海湿润地区及寒地发展。

（1）甜心（Sweetheart）　又称双丰、双季。2011年由美国农业部选育。极早熟品种。需冷量800～1 000小时。果实小，硬度大，成熟期集中，风味极佳。产量低，一年有两次结果习性。在南京露地栽培，秋季容易开二次花，花枝木质化程度弱。

（2）布里吉塔（Brigtta）　1980年由澳大利亚选育。晚中熟品种，需冷量约800小时以上。树姿直立，抗寒。果实大，果实甜，果蒂痕小，贮存期长。适合机械化采收。

（3）杜克（Duke）　又称公爵。1986年由美国农业部选育。需冷量约800小时以上。树姿直立，抗寒。果实中等大小，硬度大，中等蓝色，果蒂痕小，味道淡薄。适合机械化采收。树体容易早衰。

（4）蓝丰（Bluecrop）　1952年由美国农业部选育。中熟品种，需冷量约800小时以上。树姿直立，负载量大时容易倒伏。果实中等大小，硬度大，果蒂痕小，容易丰产。

（5）钱德勒（Chandler）　1994年由美国农业部选育。晚中熟品种，需冷量约800小时以上。树体抗寒性强。果实特大，中等蓝色，味道极佳，成熟期长。

3.南北方中间型高丛蓝莓　该类蓝莓的需冷量和抗寒性介于南高丛蓝莓和北高丛蓝莓之间，它的遗传血统更多源于南高丛蓝莓。

（1）莱克西（Legacy）　1993年由美国新泽西州选育。中晚熟品种。需冷量400～600小时。树体直立，长势强，易丰产（图5-6）。南京地区果实成熟期在5月中下旬，采摘期约38天。果实大，扁圆形，平均重约2克，最大可超过3克，硬度高，贮藏性好，便于运输，口感甜，有香味，风味佳。花长圆形。七年生树单株产量约10千克。

视频4　莱克西

图5-6　莱克西树体

（2）德雷珀（Draper） 2003年由密歇根州立大学选育。早中熟品种。需冷量在800小时以上。树姿直立，生长缓慢，耐寒。果实大，果蒂痕小，浅蓝色，硬，货架期长，风味极佳。适合机械化采摘。

（3）奥扎克蓝（Ozarkblue） 1996年由阿肯色大学选育。晚熟品种，需冷量为600 ～ 800小时。树姿挺拔。果实中等大，浅蓝色，硬，甜，果蒂痕小。成熟期与品种灿烂相当，适合北方露地栽培、冷棚栽培和延后栽培。

（4）奥尼尔（O’Neal） 1987年由美国北卡罗来纳大学选育。早熟品种，需冷量约400小时。奥尼尔树体直立略开张（图5-7），抗茎腐病。南京地区果实成熟期在5月中旬至6月上旬，采摘期约25天。果实大，中等蓝色，扁圆形，平均重约2克，最大可超过3克，硬度高，口感甜，风味佳。花短圆形，花期早。七年生树单株产量约5千克。奥尼尔的根系喜欢更酸的土壤，抗干旱、抗高温能力弱。

视频5 奥尼尔

图5-7 奥尼尔树体

（二）兔眼蓝莓

相比南高丛蓝莓，兔眼蓝莓对土壤条件要求不严，对我国南方地区黏重土壤适应性更强，适宜在我国长江流域以南地区的丘陵地带推广。兔眼蓝莓的需冷量在300 ～ 850小时，北方发展时要考虑花期霜害及冬季冻害，南方地区发展时要能满足需冷量和采取避雨栽培。

1.顶峰（Climax） 顶峰（图5-8）是1974年佐治亚大学选育的早熟品种，需冷量约为400小时。树体长势中庸，树姿轻微开张，更新枝发生量不多，七年生树高约1.7米，平均冠幅1.6米左右。果实大小中等，平均单果重1.4克，最大果重1.9克。果实硬度好，风味浓。果实成熟期集中，适合机械化采摘，最佳授粉树为品种灿烂。在南京地区4月中旬开花，4月下旬盛花，6月26日左右果实成熟，7月上中旬上市，可采摘天数约45天。

图5-8 顶峰果实、灿烂果实及梯芙蓝果实

2.梯芙蓝（Tifblue） 梯芙蓝（图5-8）是1955年佐治亚大学选育的一个中晚熟品种，需冷量600 ～ 700小时。树体生长势强，树姿直立，七年生树高约2米，平均冠幅约2米。自花结实率差，但产量高。果实大小中等，平均单果重约1.4克，最大果重3.4克。果实硬度低，味甜，风味浓，加工品质好，雨淋容易裂果。在南京地区4月中旬开花，4月下旬盛花，7月4日左右果实成熟，7月上旬大量上市，采摘天数约43天。抗寒性强，可用乌达德做授粉树，适合机械采收。

3.灿烂（Brightwell） 灿烂是1981年佐治亚大学选育的一个中熟品种，需冷量为400～450小时。树体生长旺盛，树姿直立，花芽量多，花枝硬，更新枝较多，七年生植株高度可达1.9米，平均冠幅达1.8米（图5-9）。灿烂具有一定自花授粉能力，容易丰产，但品种混栽更容易高产，品种顶峰适合作授粉树。果实中等大（图5-8），平均单果重1.5克，最大果重4.3克；果实硬度大，半成熟时偏酸，完全成熟后风味佳，品质好。多雨时容易裂果。在南京地区4月中旬开花，4月下旬盛花，6月26日左右果实开始成熟，7月上旬果实上市，采果期约43天。该品种适应性广，适合机械采收，是我国南方蓝莓种植的首选品种之一，目前是江苏的推广品种。

视频6　灿烂

图5-9　灿烂树体

4.杰兔（Premier） 杰兔（图5-10）是1978年北卡罗来纳州立大学和美国农业部选育的一个早熟品种，需冷量为550小时。杰兔生长旺盛，六年生植株高度可达2米，平均冠幅达1.9米。杰兔产量高，但自花授粉能力差，畸形花量大。果实大，平均单果重约2克，最大果重可达3.6克，果实硬度中等，有香味，风味好。在南京地区4月初始花，4月中旬盛花，6月20日前后果实成熟，6月底大量上市，采果期约29天。对高pH土壤有较强适应性。

图5-10 杰兔果实

5.巨蓝（Prolific） 巨蓝果实大（图5-11），平均单果重在3克左右，果实扁球形，中等蓝，汁液丰富，风味浓。中晚熟品种，6月下旬成熟，丰产，品质风味较好。果实成熟期遇雨水有裂果现象。

6.巴尔德温（Baldwin） 巴尔德温是1985年佐治亚大学选育的一个晚熟品种，需冷量为450 ～ 500小时。树体生长健壮、直立，树冠大，七年生植株高1.8米，平均冠幅1.8米。果实大（图5-11），平均单果重约1.5克，最大果重约4克。果实硬，味较甜，风味佳。在南京地区4月中旬开花，4月下旬至5月初盛花，7月15日左右果实成熟，8月上旬大量上市，采果天数约59天。巴尔德温连续丰产能力强，是当前最晚熟的一个品种。宜选品种灿烂和粉蓝作为授粉树。

7.乌达德（Woodard） 1960年佐治亚大学选育的一个早、中熟品种，需冷量为350 ～ 400小时。树体直立，长势强，易丰产。果实大（图5-11），深蓝色，硬度软或中等，口感甜，风味佳，有中等程度蒂痕，不适于运输和冷冻。

图5-11 巨蓝果实、巴尔德温果实和乌达德果实

8. 粉蓝（Powderblue） 粉蓝是1978年北卡罗来纳州立大学和美国农业部选育的一个中晚熟品种，需冷量550 ~ 600小时。粉蓝树体直立，生长旺盛，七年生树体高1.8米，平均冠幅1.7米。自花结实率低，但容易丰产。果实中等偏大，平均单果重约1.2克，最大果重2.4克。硬度大，味甜，风味浓，无香味，不容易裂果，适宜鲜食、加工。在南京地区4月中旬开花，4月下旬盛花，7月4日左右果实成熟，7月上中旬大量上市，采摘天数约45天。授粉树可用品种灿烂和梯芙蓝。

9. 园蓝（Gardenblue） 园蓝是1958年北卡罗来纳州立大学选育的一个早熟品种。园蓝树体直立，生长势强，七年生树高约2米，平均冠幅约2.1米。果实小，平均单果重约0.9克，最大果重约2克。果实硬，味甜，风味浓。园蓝容易丰产，适应性强，适宜鲜食、加工。在南京地区4月中旬开花，4月下旬盛花，7月4日左右果实成熟，7月上中旬大量上市，采摘天数约44天。

10. 奥斯汀（Austin） 奥斯汀是1996年佐治亚大学选育的一个早熟品种，需冷量450 ~ 500小时。树姿直立，容易丰产。开花和成熟期均晚于品种顶峰数天。奥斯汀果实大，硬度高，风味浓，需要配置授粉树。奥斯汀是近年新推广的一个品种。

（三）矮丛蓝莓

矮丛蓝莓的树体矮小，30 ~ 50厘米高，但耐寒，能在−40℃的地区栽培。对管理技术要求低，果实小，主要用于加工。

1. 美登（Blomidon） 1982年由加拿大农业部肯特维尔实验站选育。中熟品种。树势强，枝条直立，丰产，抗寒力极强。果实近圆球形，小，淡蓝色，果粉多，果蒂痕中小，有香气，风味一般。适宜加工。适宜在我国东北大小兴安岭和长白山区，特别是无霜期少于110天的高寒山区栽培。

2. 芝妮（Chignecto） 1977年由加拿大农业部肯特维尔实验

站选育。中熟品种。树势强，产量中等高，抗寒。果实近圆形，蓝色，果粉厚，果实小，风味好。

3. 坎伯兰（Cumberland） 1964年由加拿大农业部肯特维尔实验站选育。中熟品种。树势中等，高约25厘米，茎和叶中脉有柔毛。果实成熟期一致，圆球形，产量高，果蒂痕小，果实不大，风味极佳。

4. 芬蒂（Fundy） 1965年由加拿大农业部肯特维尔实验站选育。中熟品种。树姿直立，高约40厘米，茎梢被微柔毛，产量中等高。自交不亲和。果实卵圆形，较坎伯兰大，果蒂痕小，风味好。枝干直立，非常适合手工采摘。

（四）半高丛蓝莓

半高丛蓝莓由高丛蓝莓和矮丛蓝莓杂交或回交而获得。树体相对较矮，50 ~ 100厘米高，耐寒，果实小。半高型蓝莓基因更多源于北高丛蓝莓。

1. 北陆（Northland） 1968年美国密执安大学选育。中早熟品种。树势强，高约1.2米，半开张，易丰产。果实圆形，硬、中等大，蓝色，果粉厚，果蒂痕中等，风味浓，成熟一致。

2. 北蓝（Northblue） 1986年美国明尼苏达大学选育。早中熟品种，需冷量要求800小时以上。树体中等高，约0.6米，极耐寒。果实中等大，深蓝色，中等硬，果蒂痕中等，风味偏酸。

3. 北村（Northcountry） 1986年美国明尼苏达大学选育。中熟品种，需冷量要求800小时以上。树体中等高，约1米，极耐寒。果实中等大，浅蓝色，柔软，果蒂痕中等，风味偏甜。秋季叶色变红，宜观赏。

4. 圣云（St.Cloud） 1991年美国明尼苏达大学选育。早熟品种，需冷量要求800小时以上。树体中等高，极耐寒。果实中等大、硬，果蒂痕小，风味好。

5. 齐佩瓦（Chippewa） 1997年美国明尼苏达大学选育。中熟品种，需冷量要求800小时以上。树体中等高，极耐寒。果实中等大，浅蓝色，中等硬，果蒂痕中等，风味良好。

蓝莓品种更新很快，一般3～5年就换代1次。近年来，L系品种、H5品种、EB系品种、OB系品种，以及少量国产品种开始逐渐崭露头角，引领市场。

• 第六章 蓝莓园的建立

一、园址选择与规划

选择园址是开始蓝莓栽培的第一步。园址所处环境决定了未来蓝莓能否进行绿色、优质、高效栽培。

目前，国内还缺乏蓝莓的最适栽培区，但存在多个蓝莓优势产区。蓝莓优势产区中，光照、温度、土壤、水分等环境因子能基本满足蓝莓生长发育需要，但又不全部适宜，它们可以通过人为措施予以缓解或克服。

（一）园址选择

一般来说，只要气候条件适宜、周边3千米内不存在产生废气、废液、废渣等有害污染源的工厂均可选择建园，但要高质量开展蓝莓生产，还要重点考虑以下几个方面。

1.气候条件 蓝莓喜欢生长在阳光充足、温暖湿润的地方，因此园地附近不能有高大的树木或建筑物遮挡光线。园地最好是平坦或坡度＜10°的缓坡地块，同时以背风向阳的缓坡地带尤为适宜（图6-1）。大型水体一般与山体相依，同时具有降低温度、抵御破坏性气候的特点，因此其周边向阳坡地是蓝莓种植建园的良好地带。

图6-1　向阳、缓坡地带建设的蓝莓园

蓝莓不同品种群宜在各自适栽区内选址。适栽区内还应注意特殊气候如寒流、绝对最低温度、绝对最高温度、梅雨等的影响。若无有效措施克服特殊气候的危害，则不适宜在该区域内选址建园。蓝莓建园禁忌选址在洼凹地，因为冷空气容易向下移动并停滞在洼凹地带而危害蓝莓。

2.基质条件　根据经验，马尾松林遗留地块（图6-2）是种植蓝莓的优选地。因此，蓝莓基质选配时可以考虑使用马尾松林下的松针土为基质原料成分之一进行混配。避免选择黏重土壤（如水稻田土壤）为基质配料。

图6-2　马尾松林遗留地块及该地块上建设的蓝莓园

蓝莓对基质水分含量敏感，喜水但又怕积水。建园时一方面要选择排涝方便的地块，另一方面要选择灌溉方便的地块。微灌是当前蓝莓生产上普遍采用的灌溉方式，要求水源干净、无污染，因此需要选择有水库或池塘的地方建园，避免用硬度偏高的井水或含消毒剂较高的自来水直接灌溉。

一般兔眼蓝莓适宜的pH为4.5 ～ 5.5，高丛蓝莓为4.5 ～ 5.2。若基质pH高，则需要选用硫黄粉、硫黄铝或草炭等酸性基质原料进行基质调酸。硫黄调酸一般需要40天以上才能完成，因此使用硫黄进行基质改良时应在定植前至少1个月完成。硫黄铝施入基质后，它会电离产生铝离子和硫酸根离子，铝离子一方面可以与土壤胶体上的钙离子、镁离子、氢离子等发生交换，增加土壤溶液中的阳离子，另一方面也可以和水水解产生的氢氧根离子结合生成氢氧化铝而进一步增加溶液中的氢离子量，从而降低基质酸碱度。硫黄铝施用后需要适当灌水，以降低蓝莓根系周围的钙、镁等离子浓度。草炭是天生的腐殖酸含量很高的物质，因此施入基质后可以直接增加腐殖酸的含量，从而降低基质酸碱度。硫黄粉、硫黄铝、草炭等施用时要注意和回填基质拌匀，避免成团成块施用。不同地区、不同土质、不同品种群用量不同，需要进行小范围区域试验后才能大面积推广。

有机质是改善基质理化性质、提升基质肥力的重要物质。人工增施有机肥是增加基质有机质的基本方式。定植蓝莓使用的有机肥以腐熟的牛粪、羊粪等食草动物粪肥为佳，同时增补草炭、腐熟的松树皮、锯末等有机质更好。基质有机质含量至少在15%以上。

3. 交通条件　蓝莓生产的果实主要用于鲜食或加工，它们都存在产品外运和原料内运的问题，因此要避免在偏僻、交通不便、加工条件、销售条件落后的地区建园。

蓝莓果实为浆果，不耐挤压，选择道路平坦、交通便利的地区建园有利于降低运输成本和减少蓝莓果实碰擦损伤。另外，一产、二产、三产融合发展是蓝莓发展的主要方向之一，交通方便的地区还能方便游客采摘，促进蓝莓栽培效益的提升。

4.贮藏加工条件 蓝莓果实的耐贮运性差，货架期短。蓝莓采后4小时内要及时进入冷库贮存或加工，常温下采后3 ~ 5天内若不及时食用就会出现果实发霉、皱缩、变质问题。

蓝莓园建立时一般都需要配套建设冷库等贮藏设施，而在栽培集中的地区还要建设配套的加工企业。

5.劳动力状况 蓝莓生产劳动力成本较高，杂草防治、果实采摘、包装等均需要大量劳动力投入。据统计，劳动力成本几乎占据了蓝莓生产成本的50%以上。因此，蓝莓园选址时要选在当地劳动力充足的地区。

6.经营规模 我国蓝莓种植规模在3 000亩以上的即属于大型企业，1 000 ~ 3 000亩的属于中型企业，500 ~ 1 000亩的属于小型企业，这些企业多采用种植与繁苗、销售、加工等一体化方式经营。另外，国内种植大户的规模为100 ~ 500亩，一般种植户规模在10 ~ 30亩，专业合作社多由若干种植户组成，规模在100 ~ 1 000亩。根据统计，亩均收益最高的蓝莓园面积一般在50 ~ 100亩，其次是100 ~ 200亩，收益最低的多在200亩以上，因此并不是规模越大越好。建议经营规模在500亩以上的企业采用“核心基地+子基地”的方式分散经营，超过2 000亩的采用合作种植的方式进行经营，以降低风险提高效益。

（二）蓝莓园规划

规划是高水平建园的前提。蓝莓园规划一是要明确园区定位，二是要符合当地政府导向，三是要起点高。蓝莓果实不是等种出来再去找市场，而是要在先知道市场目标的前提下再决定如何种，因此定位要从市场需求考虑。企业的发展离不开政府支持，只有做到了双赢或多赢，企业才能走得更远更好。规划要站在贯彻绿色发展理念、加强农业资源保护利用、系统降低农业面源污染、推动蓝莓产业绿色低碳高质量发展等角度去思考谋划，要以资源利用集约化、投入品减量化、废弃物资源化、产业模式生态化为目标，强化技术集成与应用。

1.品种选择和授粉树配置 选择优良品种是蓝莓高效栽培的关键。果实大小、果粉多少、风味口感、产量高低、适应性强弱等指标经常是蓝莓品种选择的基本依据。普通消费者一般喜欢大果、多粉、风味浓的果实，种植者一般喜欢产量高、适应性强、易销售的品种，因此要平衡矛盾，寻找双方结合点。另外，不同地区存在消费习惯不同，存在环境条件差异，因此品种选择还要结合当地消费习惯和环境条件进行。

蓝莓异花授粉结实率较高，因此要合理配置授粉树。同一地区、同一品种群内的蓝莓不同品种之间花期相差不大，因此一个园内的同一类群品种之间最好能相互授粉。如果同一块园地内种植多个品种，授粉一般不成问题，但需要注意各品种群的种属授粉不良问题，这在兔眼蓝莓和南高丛蓝莓之间比较明显。苗木数量相当时可以采用4：4方式定植，即每隔4行定植一个品种；苗木数量相差较大时可采用（3～4）：1定植方式，即每3～4行主栽品种定植1行授粉品种。

2.小区规划 按照立地条件相似和管理条件相似可将蓝莓园划分为若干小区进行管理。通常1个小区以10～20亩大小为宜。每个小区的行向应尽量保持南北行向或等高线行向，行间尽量保持平行，行长以50～60米为宜。

3.道路规划 道路规划的总体要求：保证机动车能顺利到达各主要功能区；尽可能少地占用土地；注重道路的景观绿化和兼顾生产功能。

面积在100亩以上的蓝莓园要规划主干道。主干道是连接入口、办公、生产、贮藏、包装区等的道路，宽度一般不低于6米，满足两辆农用车双向通行，路面选材以沥青、混凝土等坚固耐用路面为主。次干道位于各功能区内部，连接主干道，宽度4～5米，便于田间作业通行。支路是田间步道，砂石路面，宽度1～2米，满足农业操作及小型机具通行转弯需要。主干道和次干道两旁要预留1～2米的景观绿化带。

4.水肥管理系统规划 蓝莓抗逆性弱，园区要配置滴灌或喷灌设施，因此园地附近要有灌溉水源。

蓝莓怕涝，园地排水要畅通。一般园区最低处设置总排水沟，主干道、次干道和若干小区之间设置大型和中型排水沟，并与总排水沟连接，构成排水沟网。排水沟的宽度和深度以保证盛水期迅速排除积水和少占土地为原则，根据当地降水量、地形和土壤特点而定。

5.防护林设计 防护林的作用是降低风速，稳定气温、湿度，减少风害、冻害。防护林应以当地乡土树种为主，要求树体高大、生长迅速、适应性强、与蓝莓无共同病虫害并具有一定经济价值。在江苏可选用枫香、合欢、石楠、枇杷等乔木树种，搭配女贞、刺槐等灌木树种。在苏北要避免抗雪压能力弱、抗冻能力弱的香樟树种使用，对于容易产生毛絮的法国梧桐、杨树和生长较慢的银杏树种要适度选用。

山坡、谷地一般在上部设置紧密型结构林带以防止上部来的冷空气下沉和霜冻发生，而在下部设置透风林带以排除冷空气，减少霜冻危害。防护林主林带以间距300～400米、种植5～6行为宜，副林带以间距500～800米、种植2～3行为宜。

6.辅助用房规划 办公管理区要规划在园区地势最高的区域。区域内应建有停车场、会议室、办公室、客房、厕所、加工中心等。加工中心主要用于果品的低温贮藏、冷冻保鲜、鲜果分级、鲜果包装、果实深加工生产线布置等，应包括分级间、预冷间、包装间、冷库、气调库、加工间、变电亭等功能区。办公区的景观绿化可多配置一些观花、观果、彩叶树种。厨房、机具房、厕所等周围应以法国冬青、海桐、大叶女贞等隐蔽树种为主，使其藏而不露。

二、蓝莓苗定植

（一）定植前准备

视频7 蓝莓定植

1. 土地准备 按照规划图，先做好道路沟渠，保证排水、灌水畅通，然后整平土地，准备定植（图6-3）。定植行向以南北向最佳。

图6-3 蓝莓园排管系统与土地平整

2. 苗木准备 为做到早果早丰产，最好直接选用三年生苗。若购置的是二年生苗，甚至一年生苗，需提前在12厘米左右口径营养钵中培育至三年生时再使用（图6-4）。

一年生营养钵苗抚育

培育成的三年生苗

图6-4　蓝莓苗抚育

蓝莓苗一旦受伤就很难恢复，因此定植时一定要选择健壮优质苗（图6-5）。健壮优质苗的标准是：健康无损、高度在40厘米以上，枝干木质化程度高；根颈大于0.5厘米、有2～3个以上直立健壮枝、老弱枝少；根系发达、浅黄、量大、无盘根现象；枝条粗壮、无病虫害及机械损伤等。

图6-5　健壮优质蓝莓苗

3.基质准备　蓝莓基质多为酸碱度适宜的轻型基质，可以直接购买专用基质使用，也可以采用自配基质（图6-6），如草炭∶椰糠∶有机肥∶田园土＝4∶2∶1∶2、椰糠∶草炭∶珍珠岩＝1∶1∶1、草炭∶椰糠＝3∶1，或者直接用椰糠基质等。

图6-6　基质原料及其与田园土混合配制的基质

4.定植容器　蓝莓根系垂直分布集中在距地表约40厘米范围内，水平分布约集中在60厘米范围内，因此宜选高度约40厘米、半径约30厘米的容器栽培。

使用控根容器进行栽培时，前期可采用高40厘米、半径25厘米的容器，后期随树体增大可将直径扩大至70厘米。控根容器使用时可根据用户需要自行剪割，然后将接口处的螺母拧紧，包扎成捆以方便运输备用（图6-7）。生产实践中，蓝莓采用控根容器栽培时一般不使用底盘。

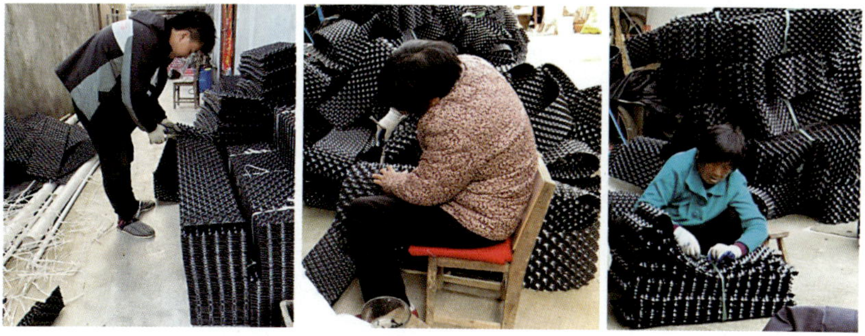

裁　剪　　　　组　装　　　　包　扎

图6-7　控根容器的制作与包扎成捆

（二）定植

1.定植时期 蓝莓定植可以在秋季10—11月进行，也可以在春季3—4月萌芽前进行。秋季定植的苗木，根系恢复早，翌年春季生长较好，但在冬季过度干燥寒冷地区成活率会受到影响。

定植苗木最好带基质球进行。如果是营养钵苗定植，可以随时脱盆移栽，定植时间不受季节限制。

2.定植密度 当前，蓝莓定植倾向于宽行密株模式。宽行密株模式行间宽，便于机械行驶、人员采摘。

高丛蓝莓栽植密度一般在每亩330株之内，株距为1 ~ 1.5米，行距为2 ~ 3米；兔眼蓝莓栽植密度约在每亩220株之内，株距约为1.5米，行距为2 ~ 3米；矮丛蓝莓栽植密度约在每亩550株之内，株距为0.6 ~ 1.2米，行距约为2米。具体定植密度应以品种特性、地块坡度、经营目标等做适当调整。山坡地土壤较贫瘠，株距可小一些，肥沃的土壤可适当增大株距。美国为了机械化操作，将行宽留到了3米。

3.定植 按照定植密度，以南北行向在定植点附近放好基质、容器、苗木，2 ~ 3人一组，边配制基质边定植（图6-8）。

图6-8 控根容器的放置与栽培基质装盆

定植时取出营养钵中的蓝莓苗，用剪刀剪断基质球底部及其一周的蜷缩根系以将其理顺，适度剪除部分根系更有利于蓝莓根系发育。然后旋转着用手轻微地扳动，捏松基质球的肩部和底部，并抖散基质的1/3 ~ 1/2，以充分松解基质球。蓝莓根系由于不会主动从营养丰富的基质球中长出来，因此定植时一定要注意松解基质球。生产中许多种植户在栽植时会忽略基质球的松解操作，因此出现了蓝莓前期生长缓慢，而遇到高温时尽管田间基质含水量较大但基质球内干燥，导致蓝莓根系因不能吸收足够水分而维持植株快速生长的失水死亡现象。根据调查，未松解基质球的蓝莓苗只有极少根系能穿透基质球进入栽培基质，根系小，根冠比小，在田间栽植后一般前期生长较好，但经历夏季后就会出现生长不良或在高温多雨季节后出现沤根死苗的现象（图6-9）。

图6-9 基质球松解不充分的死亡蓝莓树及其根系情况

定植时，需要事先在容器中填好部分基质并在容器中心挖一个深约20厘米的小定植穴，然后将带基质球的蓝莓苗根系舒展栽入，再将填进去的基质包围在基质球根周围，高度以基质面与基质球顶部相平为好（图6-10）。同时，注意用手将基质球及周边的基质压实，并向上轻轻提苗1次，以便根系与基质充分接触，最后继续覆盖少许基质并将容器内的基质面做成中间低，四周高的结构。考虑到每年还需要补施基肥和覆盖有机物，定植后的基质高度可以低于容器边缘高度约10厘米为宜。

图6-10　蓝莓苗木定植

有的蓝莓品种树体偏矮，成龄后高度低于70厘米，此时要先垒土台以抬高树体高度至人体适宜操作范围，然后再进行容器摆放和定植。土台高度按照蓝莓成龄后树冠处于70 ～ 150厘米的范围进行确定。土台要坚固，防止后期雨水冲刷导致根系裸露、基质流失、树体倾斜或倾倒。

定植完成后浇透定根水，并用10厘米左右的松针、发酵后的木屑、松树皮等有机物覆盖。为防止水分从控根容器侧壁的突起孔口流出而影响浇水质量，一方面可以将基质平面做成中间低四周高的形状，另一方面也可以先在容器四周用田园土堆起个土堆（图6-11），浇水完成后再将土堆去除、平整。

图6-11　控根容器四周堆土

蓝莓苗由于是带基质球定植，因此成活率基本接近100%，即便个别有死亡现象也可以通过及时补栽予以解决。

三、定植后管理

蓝莓定植完成后，要及时定干，并做好水肥一体化管理和田间杂草控制等工作。

（一）定干

蓝莓苗春季定植后，如果不及时定干，就容易出现树体下部光秃、顶部枝条稀疏的现象，从而导致树体结果部位外移、根系营养供应距离加长、树体结果质量下降等问题。因此要在蓝莓苗木定植后及时在苗木主干中部进行短截定干。蓝莓定干可根据树体结构采用多枝定干或单枝定干（图6-12）。定干高度以30厘米左右为宜。

图6-12 多枝定干（左）和单枝定干（右）

有分枝的苗木要结合苗木长势采取轻短截、中短截或重短截修剪手法处理，强壮枝留20厘米轻短截，次强枝留15厘米中短截，中庸枝留10厘米重短截，细弱枝剪除。有花和花芽的枝条剪除全部花芽。

（二）行间与树盘管理

蓝莓园行间管理主要是杂草控制，而树盘管理则主要是有机质覆盖。蓝莓栽植完成后行间要及时使用园艺防草地布进行覆盖控草（图6-13），而树盘可采用松针、松树皮、木屑、棕皮和枯枝落叶等有机物覆盖，覆盖厚度以10厘米左右为宜（图6-14）。

图6-13　蓝莓园行间园艺地布覆盖

图6-14　蓝莓园树盘松针覆盖

蓝莓行间覆盖园艺防草地布后，覆盖之处的杂草控制率能达90%以上，而树盘覆盖8 ~ 10厘米松针后，十分有利于保持基质墒情，促进蓝莓根系良好生长。另外，树盘覆盖的有机物在腐烂分解后还进一步增加了基质中的有机质含量。

（三）水肥一体化管理

蓝莓园水肥一体化管理十分关键，详见第七章中“水肥一体化管理”部分。

（四）蓝莓树补栽

蓝莓生长过程中常会有一些树体出现长势弱形成“小老苗”现象，甚至个别树体死亡，因此需要合理做好蓝莓树的补栽工作。每年10月上旬可以先按照品种统计好需要更换或补栽的苗木量，并进一步做好更换基质的准备，然后于10月下旬至11月上旬进行基质更换和苗木的重新栽植（图6-15）。

图6-15　蓝莓苗的补栽及补栽后的灌水管理

（五）标识牌设置

蓝莓苗木定植完成后，应在蓝莓园设置醒目、格式统一的标志牌，具体包括基地介绍牌、品种牌、技术牌、导示牌、警示牌等。基地介绍牌详细介绍基地名称、面积、平面图、建设单位、基地责任人、建设时间等；品种牌详细介绍品种的中英文名称、主要特点、管理要点等；技术牌详细介绍基地的关键技术要点；导示牌、警示牌用于安全提示、警告等。

• 第七章 土肥水管理

蓝莓栽培中，土肥水管理主要包括基肥管理、水肥一体化管理、杂草管理、扩容管理等。

一、基肥管理

基肥是一种底肥，用于满足蓝莓全年基础营养需求，以有机肥和缓释态化肥为主。蓝莓施用基肥一方面能弥补树体当年的营养亏缺，促进树势恢复和树体健壮，另一方面能增加树体贮存营养，促进当年花芽分化和养根壮根，提高树体越冬性，并为来年萌芽、开花、授粉、受精、坐果及幼果发育、新梢生长和叶幕形成做充足的物质储备。有机肥分解慢，能长期供应养分，是蓝莓栽培的关键肥料。基质尽管在外形上和有机肥相似，但二者并不相同。因此，基质栽培中仍然需要每年补充有机肥。

蓝莓基肥的施用一般在秋季进行，具体时间以秋分至封冻前为佳。基质栽培中，此期温度、湿度适宜，施入的基肥能快速与基质融合并释放营养，同时此期又是蓝莓根系生长的高峰期，根系吸收营养能力强，稍有断根也能快速恢复，因此在秋季施基肥对根系生长发育有利。

腐熟的羊粪是蓝莓常用基肥。它除了能够补充有机营养外，还能在冬季产生少量热量，具有保护蓝莓根系，提高蓝莓抗冻能力的优点。羊粪中的氮、磷、钾元素释放比较平稳且含钾量高，蓝莓吸收后具有很好的改善果实品质效果。

基质栽培中，一般先在蓝莓树盘覆盖或混入3 ~ 5厘米厚的优质有机肥，然后再覆盖8 ~ 10厘米的松针（图7-1）。以后每年随着羊粪和松针的分解，再在松针下补施有机肥，并根据情况补盖松针。用量以成年树每株1 ~ 2千克较为合适，幼龄树酌情减少。

图7-1　蓝莓基质栽培中秋季施用羊粪

蓝莓属于嫌钙植物，对钙吸收过多容易导致缺铁症。因此，不宜在基肥中掺入草木灰、石灰等。

蓝莓施肥时尽量不要伤害根系，尤其是大根和6—7月之后出现的新根。基肥施用后要注意及时浇水，但浇水量要适度，以促进养分吸收和根系、新枝成熟为度。

菌肥作为一种新型基肥近年来也受到了普遍重视。它是一种通过微生物生命活动或其代谢产物为植物提供特定肥效的微生物活体制品，其种类包括解磷菌剂、解钾菌剂、固氮菌剂、光合菌剂、抗生菌剂、菌根菌剂、复合菌剂等。目前，蓝莓上应用较多的是普适的生物菌肥，包括木霉菌剂、枯草芽孢杆菌菌剂等。它们和酵母菌、乳酸菌等按照一定比例混合复配成液体菌剂，然后与灭菌后发酵腐熟的优质有机肥混合施用。图7-2显示了木霉属菌落的形态，它生长迅速，呈棉絮状。

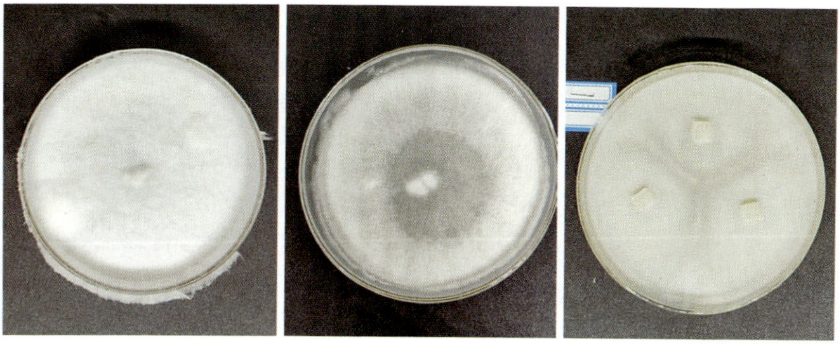

图7-2　木霉属菌落的形态

二、水肥一体化管理

水肥一体化管理又称水肥耦合管理，它源于公元400年，推广于20世纪80年代，目前已成为我国有效解决水资源浪费、提升肥料利用率、促进农业可持续发展、减少人力投入的重要手段。

水肥一体化管理中使用的肥料为水溶性化肥或水溶性氨基酸肥料。相比基肥作为底肥满足全年基本营养需求而言，追肥则主要是作为补充性肥料满足蓝莓特定生长阶段的营养需求。

蓝莓喜水，当土壤含水量低于50%时就需要灌水。萌芽期、开花期、新梢生长期、果实膨大期和夏梢生长期是蓝莓需水的5个关键时期，尤其是蓝莓果实膨大期和新梢生长期是2个需水临界期。蓝莓对涝害敏感，淹水10小时就会出现后期死苗或树体生长不良现象，因此不能积水。基质栽培中，浇水时要浇透，避免上湿下干、中间湿周边干等水分分布不均的情况。使用滴灌灌水时要注意调控好水压、监控好水质、过滤掉杂质。夏季高温期，蓝莓灌水要适当提高频率，可以在每天早晚各灌水一次，必要时进行叶面、树干喷水，但要避免根部积水。晚秋季节应减少水分的供应。

蓝莓的需肥特点可以用“吃得不多嘴还刁”来形容。实践表明，蓝莓属于寡肥植物但对肥料选择性强，尤其是对铵态氮肥的反应更为突出。一般当基质pH＞5.2时宜选硫酸铵作氮源，当pH＜5.2时宜选氨基酸、尿素等氮源。蓝莓对硝态氮不易吸收，但硝态氮和铵态氮组合施用可能更有益于铵态氮的吸收。用树皮或锯末等有机覆盖物处理的基质或土壤需要相对较高的施氮量，以补偿微生物分解覆盖物时的氮需求。另外，在氮肥需求旺盛时施用氮肥，氮素的利用率会更高。一年中，蓝莓吸收氮素最快的时期为开花期到采收期之间，而从果实收获结束到叶片衰老期氮的吸收率很低。蓝莓需肥量应依树龄、树势、产量及土壤条件而异，追肥可分别在开花前、春梢速长期、果实膨大期、夏梢生长后期、越冬前进行。果实采收之前以氮肥为主，采果后以磷、钾肥为主，施用的肥料以硫酸铵、硫酸钾、磷酸二氢钾、磷酸二铵等速效性肥料为主。对于长势比较差的树体，也可以选用光合微肥、多元微肥等一些功能性肥料，适当进行叶面追肥。蓝莓忌氯，禁用人粪尿、氯化钾、氯化铵等含氯的肥料。蓝莓嫌钙，过高的钙含量会造成其叶片缺铁失绿。追肥的有效施用方法是结合灌水进行，但灌水时不一定需要追肥。

水肥一体化追肥时，需要预先将选择好的肥料按照用量加入混肥罐中充分溶解成母液，然后再把母液注入滴灌系统使其在管道中和灌溉水充分混匀输送到田间。不需要追肥时，可单独将水分送至田间。水肥一体化管理中要注意肥料的浓度在到达蓝莓根际时不超过0.3%，以防烧根。采用滴灌的要在植株两侧都放滴头，以确保根系灌溉均匀；为防止管道过长导致的滴头压力不均匀，建议采用压力补偿式滴头；为防止滴头堵塞，建议使用管上式滴头。使用的灌溉水应确保清洁、无污染并且钠、氯化物、硼、重碳酸盐等含量不超标。深井水一般pH偏高，且钠和钙含量高，长期使用会影响蓝莓的生长和产量。自来水一般含次氯酸等氧化剂，所以也不能直接用于灌溉。蓝莓灌溉用水最好为池塘集水，而对于雨水、湖水、河水、井水等最好在蓝莓园集水池中沉降一段时间后再使用。蓝莓由于根系主要集中在树冠投影之内，因此滴头的施肥点或灌水点应以蓝莓树冠投影为佳，同时要注意根系所在基质球内不能缺水。

（一）水肥一体化设施

蓝莓水肥一体化设施包括灌溉系统和肥料溶液混合系统两部分（图7-3）。其中，灌溉系统主要由首部枢纽系统、水肥一体机、田间灌溉管网和自动控制系统所组成。首部枢纽系统是整个系统的控制中心，主要包括蓄水池、水泵、过滤器、稳压阀、控制器和流量监测设备等。肥料溶液混合系统由过滤器、混肥罐、混合泵、控制器、电磁阀、传感器等组成。

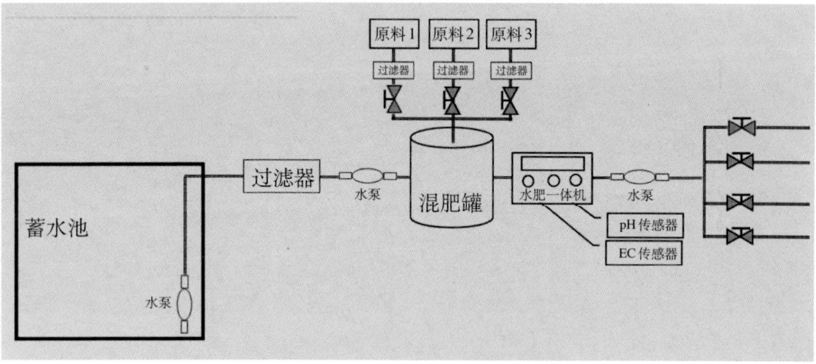

图7-3　水肥一体化系统示意图

（二）水肥一体化设施建设

1.埋主管　水肥一体化设施管道可以采用地上走水，也可以采用地下走水。如果用地下走水的，要在蓝莓定植整地前将灌溉主管埋放好（图7-4）。

图7-4　主管布设

2. 安装阀门　蓝莓园较大时，可将田地分区管理。分区管理时，可将多行设置为一个小区进行管理，每个小区设置一个总控制阀（图7-5）。

图7-5　总控制阀安装

每个小区的总控制阀门后要安装过滤器（图7-6），防止水肥一体化管理中杂质进入支管，堵塞滴头。

3. 田间支管布置　水肥一体化管理中如果出现滴头堵塞，将可能对蓝莓树体产生不可逆转的伤害，因此建议采用外露式布置田间支管（图7-7）。田间支管的数量最好为两条，且在每株蓝莓树盘上方留4个滴头，以形成树盘大小相当的水分滴灌湿润区。

图7-6　过滤器安装

图7-7　田间支管布设

4.滴头安装与支管固定　布好支管后，在有植株的地方，用打孔器打孔，安装倒刺压力补偿滴头（图7-8）。为防止滴头堵塞，要适当加大滴头直径。同时，要在基质内插入短竹竿等固定支管。

打　孔　　倒刺压力补偿滴头　　支管固定

图7-8　滴头安装与支管固定

5.水肥一体机调试 水肥一体机（图7-9）的安装一般由专业人员来完成。安装时，混肥罐设在室外，控制设备设在室内。控制设备可以随时查看灌溉的瞬时流量和累计流量，随时控制灌溉的开启和关闭。安装完成后需要加入水溶性肥料进行调试。

图7-9 水肥一体机混肥罐（左）和室内控制设备（右）

6.水肥一体化系统的使用和保养 水肥一体化系统每次使用时，应先放一段时间清水，待系统压力稳定后再加肥；追肥完成后应再放一段时间清水，以清洗管道。每次追肥时，可以先将水溶性肥料溶解成高浓度的母液，然后再加入混肥罐中混匀使用（图7-10），以防止直接加入混肥罐中出现溶解不充分和浓度不均匀的问题。

图7-10 注入水溶性肥母液（左）和滴头灌溉（右）

水肥一体化系统每年要对易损部件进行全面检修，对容易磨损严重的部件进行拆换；要及时对总管道的砂石过滤器和各小区的总阀门过滤器开展清洁工作，防止滤网阻塞。寒冬来临前要及时排水维护，防止灌溉系统中残留水结冰膨胀导致管道和设备变形、开裂等问题。

（三）水肥一体化管理方案

蓝莓的追肥量与树体年龄和预计产量有关。基质栽培的一年生蓝莓树推荐每株在5—6月追施硫酸铵20克，2 ~ 3年生树在春季萌芽前后和新梢快速生长期每株追施硫酸铵30 ~ 40克。进入结果期后，根据蓝莓习性，按照产量估算施肥量。

1.产量估算 蓝莓开花前，按照抽样调查法估算出每株蓝莓平均花芽量，然后按照4 ~ 5倍的量进一步估算出每株蓝莓平均挂果的个数，最后基于该品种平均单果重和拟施肥区域内定植的蓝莓植株数，估算出施肥区域内的蓝莓产量。

2.估算追肥总量 一般认为每生产1 000千克的蓝莓果实，树体需要补充纯氮4千克、五氧化二磷1千克、氧化钾4.8千克，但由于每年施入土壤中的氮、磷、钾肥并非百分百地被蓝莓吸收，因此需要进一步结合氮、磷、钾肥当年利用率（分别约为1/3、1/4和1/2）予以估算，即每生产1 000千克的蓝莓果实，需要给蓝莓园施用纯氮约12千克、五氧化二磷约4千克、氧化钾约9.6千克。

3.肥料种类与用量 基于估算出的纯氮、五氧化二磷、氧化钾用量，根据选用的肥料种类分别计算出施肥区域内全年需要的具体肥料用量。如硫酸铵的含氮量为21%，若仅选用硫酸铵作为唯一氮源施肥，则生产1 000千克果实的蓝莓园全年施用硫酸铵的量为57千克。

4.追肥实施 按照蓝莓前期以氮肥为主，后期以磷钾肥为主的总要求，可以将估算出来的肥料用量分5次，分别在开花前、春梢速长期、果实膨大期、夏梢生长后期、越冬前施入基质。

根据笔者实践，在基质有机质含量为2.935%，全氮含量为0.155%，全磷含量为0.054%，全钾含量为0.759%，速效氮含量为0.022 858%，有效磷含量为0.006 752%，速效钾含量为0.089%，pH为5.0的条件下，可以选用如表7-1所示的追肥方案进行。

表7-1　每生产1 000千克蓝莓果实的追肥量（千克）

	开花前（3月下旬）	春梢速长期（4月上旬）	果实膨大期（5月上旬）	夏梢生长后期（9月中旬）	越冬前（11月下旬）
硫酸铵	5.65	28.3	11.3	5.65	5.65
磷酸二氢钾	0	1.75	1.75	1.75	1.75
硫酸钾	0	2.8	2.8	2.8	2.8

表7-1方案施用后，树高、冠幅增速明显，新生枝条多、生长量大，果实重，树体生长良好（图7-11）。

图7-11　水肥一体化管理下的蓝莓生长状况

三、杂草控制

蓝莓园行间大，杂草容易滋生，因此做好杂草控制是蓝莓园管理的重要一环。

蓝莓园杂草管理应以不造成草害为度，本着“除早、除小、除了”的原则和采取“物理防治为主，化学防治为辅”的策略进行。杂草难以彻底清除，适当保留也有利于农业生态平衡。

（一）杂草防治时期

每年2—3月是万物复苏的季节，蓝莓园杂草开始生长。6—9月雨热充沛，杂草容易滋生。因此杂草防治的关键时期是每年的2—3月和6—9月。

（二）防治方法

建园前全面喷施一次除草剂，全面清除园区内杂草；建园时在雨后对土壤进行翻耕并喷施一次灭生性除草剂，彻底清除杂草的根、茎等器官。对蓝莓园周边环境包括路边、沟渠、住宅、隙地等处也要做好杂草防治，不留死角，以防人、畜等动物活动或风、雨传播将杂草种子带入园内。对施用的有机肥要进行高温堆沤，充分腐熟，避免带入草籽。

1.物理防治

（1）防草布覆盖　防草布又称园艺布、园艺地布等，它一方面能通过自身黑色阻挡阳光而抑制杂草的光合作用，另一方面能借助自身耐用的材质而机械阻挡杂草的生长。此外，防草布还具有一定的通气透水性，地面覆盖后不影响覆盖土壤的空气交换和雨水渗透。

防草布寿命一般为3～5年，普遍用于蓝莓园行间杂草防治。

使用前要平整土地、清除杂草，然后覆盖平整、压紧、压实，在大风经常出现的地区要注意用地钉固牢（图7-12）。

图7-12　行间覆盖防草布

（2）树盘覆盖　树盘是蓝莓根系的集中分布区，营养丰富，杂草容易滋生。为控制树盘杂草，可用8 ~ 10厘米厚的松针、松树皮、锯木屑等有机物进行覆盖防草。其中，锯木屑、松树皮等有机物使用时要腐熟或混合一定量的氮肥使用，同时还要做好防菌、防虫（图7-13）。

图7-13　树盘松针覆盖及喷药杀菌

绿黑双色防草布是一种新型材料，覆盖树盘也有效。使用时绿黑双色防草布的绿色面朝上、黑色面朝下（图7-14）。

图7-14　绿黑双色防草布覆盖

2. 人工除草　对于行间除草布覆盖、树盘有机物覆盖之后的遗漏杂草，可采取人工拔除处理。

人工拔除时不能伤及蓝莓根系，拔除的杂草不能随便丢弃，要带出田间集中处理（图7-15）。水花生（又叫空心莲子草）等杂草由于根茎繁殖快，蔓延迅速，人工清除时要将断掉的根茎仔细挑出晒干。

图7-15　人工除草

垄沟、排水沟杂草的防治也可以使用割草机、旋耕机割草（图7-16），杂草数量以控制在不影响蓝莓生长的程度为宜。

图7-16　垄沟杂草处理

3.除草剂防治　蓝莓的整个生长季节，树体都对除草剂敏感，尤其是春季新梢期对除草剂更为敏感，此期除草剂稍微飘落到树体上，蓝莓树就会出现不适症状甚至死亡，因此春季新梢生长期要严格控制除草剂的使用。

早春蓝莓尚未萌发之前是除草剂施用的一个安全性相对较高的时期。除草剂一般应用于距离树体较远垄沟的杂草防治（图7-17）。

图7-17　早春蓝莓尚未萌发前田间喷施除草剂及喷施后的效果

夏季7月蓝莓果实采摘后，树体对除草剂敏感度也会稍微减弱。此期如果杂草难以控制，可以适当在距离树体1米外的区域使用除草剂（图7-18），但仍然要做好防止除草剂飘落树体的工作。杂草一旦遇到部分内吸性除草剂就会很快全株死亡，因此不必要强求该类杂草全株都被除草剂喷到，其实只要喷到距离蓝莓树体1米外的杂草上，很快它就会影响到全株而死亡。

图7-18　盛夏田间杂草处理效果

长期使用除草剂，一些杂草如禾本科的稗草、牛筋草等会对除草剂产生抗药性，同时还会造成单一恶性杂草疯长，更难控制，因此不建议长期使用单一除草剂。蓝莓园常用的除草剂有敌草隆、乙氧氟草醚、异丙甲草胺、2甲4氯、丙炔氟草胺、草铵膦、乙草胺等。

有些地区专门出台了“绿色、有机生产基地禁止使用化学除草剂”的规定，有的蓝莓园注册了绿色食品商标，甚至申报有机蓝莓生产基地，所以不建议使用化学除草。

四、容器扩容

蓝莓随着种植时间的延长，根系会越来越多，树体也会越来越大。

容器栽培时，基质占比也会越来越少。我国云南等地采用体积固定的塑料方盒容器栽培蓝莓时，会采取3年清园方式予以解决，即当蓝莓出现树体过大、根系受限时全部拔除，全园清除，然后重新配制基质，重新定植新苗。采用控根容器栽培蓝莓时，由于容器大小可调节，因此相比塑料方盒容器栽培，投入成本相对更低，且盛果期保持时间长，更有利于提高蓝莓产量和效益。

控根容器栽培蓝莓时，扩容一般出现在结果5年之后，具体依蓝莓根系生长受限程度和基质占比减少的程度来确定（图7-19）。

图7-19　控根容器底部长出来的根系

控根容器栽培蓝莓的扩容时间在一年中以早春萌芽前和秋季落叶前后扩容最好。扩容前应将树体基部进行修剪，去除无效的弱枝、根蘖、死枝、枯叶、覆盖物等；扩容时先解开旧容器侧壁螺母，然后根据扩容直径大小在旧容器上直接拼接一段新的控根容器板，或者直接更换成一段更长的新控根器，使其围绕起来的直径较原来大20 ~ 30厘米，然后将原基质球适度破碎至外围根系露出，并用剪刀对外围根系进行修剪整理，同时用剪刀等锐利工具将基质球再适度破碎剥离。进一步将拼接后的控根容器板以树体为中心绕成环形并用螺母拧紧固定，将剥离下来的旧基质和新基质充分混匀，填实植株四周缝隙，并将容器顶部做成四周高、中间低的形状。最后重新整理地布以与容器四周紧密相接。随后浇一次透水，并用10厘米左右的松针、发酵后的木屑、松树皮等有机物覆盖。如果要增加栽培容器高度，可以通过在树体底部堆补基质至适宜高度，然后将新置的控根容器放置在基质堆上的方式进行。

第八章
蓝莓整形修剪

科学的整形修剪可以构建合理的蓝莓树体结构和叶幕层，改善树体与环境的关系，调控树体养分吸收、转运和分配，调节树体器官形成的数量和质量，从而使树体营养生长与生殖生长保持平衡，促进蓝莓优质高产。

一、树形与修剪基础

蓝莓属于灌木，基部容易萌生根蘖，同时地上部主枝也容易衰弱，因此，在树形构建上宜将主枝作为一个独立的结果枝组去培养，这样多个主枝就构成多个枝组，且当主枝衰弱后就又可以再利用萌生的根蘖培育新的主枝和结果枝组予以更新。蓝莓树形以多主枝自然圆头形为主。

（一）多主枝自然圆头形

多主枝自然圆头形（图8-1）的蓝莓树高约1.5米，冠幅约1.5米，全树不分层，拥有主枝5～8个，每个主枝为1个大型结果枝组，每个结果枝组上着生次生结果枝组或结果枝。

（二）多主枝自然圆头形的培育

蓝莓定植后选择在树体主枝（或主干）的中部饱满芽分布区、

图8-1　多主枝自然圆头形

距离地面约30厘米处短截定干。同时抹除细弱枝，去除全部花芽。有多个主枝的要分别短截定干。定植第一年冬季修剪时疏除树体上的过密枝，抹掉花芽。

定植第二年夏季（7—8月），对徒长性枝条进行摘心或短截处理。冬季修剪时对长势不好的弱枝、病枝疏除或回缩到长势旺盛处，疏除过密枝。

定植第三年夏季（7—8月），对徒长枝进行短截或摘心处理。冬季修剪时对花芽过多的枝条保留1/2左右花芽进行短截处理，对弱枝、交叉枝、过密枝进行疏除，对下垂枝进行疏剪或缩剪。

第四年夏季（7—8月），对徒长枝继续进行短截或摘心处理，疏除基部萌蘖。冬季修剪时对结过果的枝条轻度回缩至健壮结果枝处，对顶部枝组适当疏除以通风透光，适当掏空树体过密枝保证通风透光，对花芽过多的枝条保留1/2左右花芽进行短截处理。

（三）修剪时间

一年中，蓝莓修剪的关键时间是果实采摘之后2 ～ 3周和树体完全进入休眠时，前者属于生长季节修剪，而后者属于冬季修剪。

生长季节修剪包括春季修剪、夏季修剪和秋季修剪。蓝莓春季修剪主要是花果量的调节，如果冬季修剪已经调节完成，春季可以不修剪。夏季修剪的重点是采后修剪，采后修剪在果实采摘后开始，完成的时间越早越好，因为这样可以留给修剪刺激萌发的新梢更长的生长和发育时间，以确保入冬时能转变成良好的结果枝或木质化程度更高的枝条。采后修剪对蓝莓生长发育来讲非常重要，管理上要尤为重视。进入秋季，蓝莓树体不宜再修剪。因为这个时候树体正准备把营养回落到枝条和根部，生长量大大减弱，此时修剪即便长出新梢也来不及木质化就进入冬季，容易造成冬季冻死或抽条死亡。

蓝莓冬季修剪以完全进入休眠期后进行修剪最好。南京地区一般在元旦前后进行。

（四）修剪手法

1.疏剪 疏剪，又称疏除修剪，就是将枝条从基部去除。

视频8 蓝莓采后修剪手法

蓝莓对光照要求严格，遮光严重时会容易出现枝条死亡、长势衰弱等症状，因此去除枯死枝、衰老枝、病枝、弱枝、交叉过密枝、平行重叠枝、贴地枝是必要的。另外，向内生长的枝条容易导致树体郁闭，影响通风透光，也需要酌情疏除。

疏剪错误就容易变成极重短截，两者的效应差别很大。

2.短截 短截就是剪除当年生枝的一部分。需要注意的是，短截的处理对象是当年生枝。若在结过果的枝条中部进行剪除，则不属于短截，它属于回缩，因为结过果的枝条的枝龄至少为2年或2年以上，不属于当年生枝。

短截分为轻短截、中短截、重短截和极重短截（图8-2）。轻短截就是剪除当年生枝的顶梢，短截位置约处于枝条全长的1/4处。中短截就是从当年生枝中部剪除，修剪位置约处于枝条长度的1/2处。重短截的修剪位置约处于枝条长度的2/3 ～ 4/5处，主要

轻短截

中短截

重短截

极重短截

图8-2　短截的几种类型

用于弱树、老树、老弱枝的更新复壮。极重短截是剪除当年生枝全长的4/5以上。

短截后可以增加分枝量，促进物理空间的合理利用，适用于有分枝空间的枝条。

短截时要注意保留的剪口芽方位，应以发枝方向与地面夹角呈45°左右的芽处修剪为好，这样剪口芽发出的新梢能作延长头，带起整个母枝的生长势。注意剪口芽不宜留在树膛内侧，以防止它萌发出来的新梢朝内生长，形成内生枝，影响树体通风透光。

3.回缩　回缩，又称缩剪，指剪除多年生枝条的一部分（图8-3）。与短截相比，回缩的作用对象是多年生枝条。蓝莓上，回缩大部分用于结过果的枝条。

图8-3 回 缩

蓝莓基部容易光秃，回缩的主要作用是降低顶端优势位置，促多年生枝条更新复壮。

4. 长放 长放，又称甩放，即对当年生枝不做处理。

长放的作用是缓和枝条生长势，促进花芽形成和开花结果，主要用于蓝莓结果枝的冬季修剪。

5. 摘心和剪梢 摘心和剪梢作用效果相似，均是削弱枝条顶端优势，促进分枝，改变营养物质运转方向。

蓝莓摘心和剪梢一般在7月进行，新生枝条上一般在50 ～ 60厘米处处理，长势旺、粗的枝条也可在60 ～ 70厘米处处理。

其他修剪手法，如环剥、环刻、环割、扭枝、拿枝等在蓝莓上运用较少，不做介绍。

（五）修剪原则

蓝莓干性弱、萌蘖多，修剪时要遵循依树作形、均衡树势、轻简化的原则进行。

1. 修剪量以中等强度为主 蓝莓修剪多采用中短截、中度回缩和适度疏除枝条的修剪手法，适当采取重短截和重回缩手法。

2. 修剪顺序 蓝莓小枝多，萌蘖多，对通风透光要求高。修剪时先从基部入手定骨架，再从结过果的枝条顶部入手复壮树势，最后从内膛入手调整通风透光和结果枝数量。

3. 轮回周期性修剪 蓝莓修剪具有周期性，可以采用“连续两年中度修剪，一年重度修剪”或“一年重度修剪，连续两年中度修剪”的轮回方式对枝条进行更新修剪。

二、采后修剪与冬季修剪

蓝莓采后修剪的重点是促进当年生枝高质量地发育为结果枝，以及增强结果后枝条生长势。冬季修剪的重点是调整树体骨架和结果枝数量。

（一）采后修剪

视频9 采后修剪中的枝条处理

蓝莓花芽分化主要从7月逐渐开始，高质量花芽的形成对通风透光和枝条长势敏感，所以采后修剪要注意强树去密、弱树促壮。

1. 基生枝 蓝莓修剪时可以先剪除枯死枝条，然后剪除基部萌发的幼枝、弱枝（又称毛毛枝）和不结果小枝（图8-4）。蓝莓树基部萌发的幼、弱、不结果小枝在入冬时一般不会形成花芽，或尽管能形成花芽但质量不高，因此在夏季采果后进行疏除修剪，利于改善通风透光条件。

图8-4 剪除基部的枯死枝和细弱枝

对于多年生无结果枝着生的老枝可以根据树体基部枝条的数量多少进行处理。如果基部枝条数量多，可以适当去除部分多年生无结果枝着生的基部老枝，以改善通风透光条件；如果较少，则对多年生无结果枝着生的老枝进行回缩，促进新枝萌发。

2.结果后枝条　结果后枝条是指当年结过果的枝条。结果后枝条位于两年生枝顶端，果实采摘后，此枝光秃，已无利用价值，应予以回缩修剪。

结果后枝条的回缩位置应以着生的当年生枝强弱为依据。若当年生枝生长势中等或较强，则按照从上往下的顺序回缩到生长旺盛的当年生枝条处或回缩到两年生枝的中部留下部2 ～ 4条分枝即可；若当年生枝生长势很弱，甚至未萌发，则对两年生枝进行疏除（图8-5）或重短截处理。

图8-5　回缩和疏除结果后枝条

3.徒长性枝条　徒长性枝条（又称徒长枝）由于枝条生长快，全枝上的芽质量差，顶端花芽不容易形成。夏季采后修剪中需要对当年生徒长枝进行中短截修剪（图8-6），以刺激中部芽继续萌发形成带有花芽的新梢。对徒长枝的修剪要适当提早，这有利于延长新梢的生长发育时间，促进其在入冬时形成高质量的花芽，转化为结果枝。

4. 其他枝条 为防止树体郁闭，改善通风透光条件，还应将交叉枝、过密枝、平行重叠枝、贴地枝、向内生长枝、并生枝、下垂枝等疏除或进行短截处理（图8-7）。

图8-6 中短截徒长枝

图8-7 疏除向内生长枝和并生下垂枝

（二）冬季修剪

冬季修剪主要是通过对枝条处理，调整树体骨架和结果枝数量，达到平衡树势、通风透光和弱树复壮、强树控产的目的。冬季修剪时可以先疏除枯死枝，然后疏除基部萌发的幼枝、弱枝和不结果枝，随后再以调整树体骨架和结果枝数量为重点进行修剪（图8-8）。

图8-8　基部毛毛枝的疏除

1.基生枝　基生枝修剪应以树体基部枝条数量的多少为依据进行处理。如果基部枝条数量多，可以适当疏除部分多年生无结果枝着生的基部老枝，保留当年生基生枝；如果较少，则对多年生无结果枝着生的老枝进行回缩，促进新枝萌发（图8-9）。

图8-9　基部老枝的疏除和多年生无结果枝的回缩

基生枝的组成以1～2年生枝占比15%～20%、3～5年生枝占比60%～70%、6年以上生枝占比15%～20%的结构较为理想。

2. 结果枝　蓝莓的当年生枝顶端很容易形成花芽，因此生长稍微壮实的当年生枝入冬时都已发育成了结果枝。冬季修剪时将以剪除部分结果部位（图8-10）来调节下一年的生殖生长与营养生长的平衡。

图8-10　剪除部分结果部位

根据结果枝的数量可以适当剪除部分并行结果枝和重叠结果枝，也可以适当剪除部分结果枝的顶端以减少结果部位来促进来年春天的营养生长。对长势弱的结果枝，可剪除其1/2以上的花芽量。高丛蓝莓中，长度在20～40厘米的斜生结果枝是良好结果枝，修剪时要重点保留。

蓝莓的花芽一般位于枝条顶部，具有大、圆、胖的特征，而叶芽瘦、狭、长，冬季修剪时要注意区分。

图8-11　多年生枝回缩复壮

3. 多年生枝　多年生枝指枝龄在2年以上的枝条。这类枝条具有老化明显、下垂、结果少的特征，修剪时采取回缩复壮（图8-11），即回缩到直立的枝条处，剪除掉角度近水平、下垂或长势弱的枝条。

如果该类枝条上没有合适的回缩位置，或者结果部位已经显著外移，也可以直接疏除，不予保留。

4. 其他枝条　为防止树体郁闭，应将交叉过密枝、平行重叠枝、贴地枝、向内生长枝、徒长无花芽枝等疏除（图8-12）。

遗漏的结果后枝条应予以回缩修剪（图8-13）。回缩位置应以着生的当年生枝强弱为依据。

无论采后修剪还是冬季修剪完成后，要将修剪下来的枝条清理干净，以防病枝、虫枝危害。

图8-12　疏除无花芽枝

图8-13　结果后枝条的回缩修剪

三、不同年龄期树体修剪

（一）定植后修剪

蓝莓一般在春季或秋季选择三年生苗木定植。定植后要对树体的主干在中部饱满芽、距离地面约30厘米处进行短截定干修剪，同时剪除细弱枝，抹除全部花芽。

图8-14　蓝莓树体短截定干

蓝莓丛生性强，若树体有多个主枝，可对其分别进行定干修剪（图8-14）。

定干后，新生枝数量增多，结果部位降低，树势容易增强（图8-15）。

图8-15　定干后的修剪反应

定植的若是3年以上树，则宜采取轻度修剪并减少结果部位，以促其快速恢复树势。

若因某种原因，蓝莓无法按时定植而暂时培育在育苗钵内仍需定干修剪（图8-16），以给未来定植到田间时能高产、优质打下良好树形基础。

图8-16 暂时培育的育苗钵苗定干

（二）幼树期修剪

幼树期是指从定植到第一次开花结果的时期，一般为定植后的1 ~ 2年。

幼树期的蓝莓树冠离心生长迅速，需要大量同化产物来为首次开花结果做准备，因此修剪应以促进树体快速生长为目标。修剪强度应以轻度短截和中度短截为主，同时尽量减少枝条的疏除，这样可以保留更多叶片进行光合作用，减少树体的机械伤，促进树体的营养生长。

幼树期的蓝莓树形尚未成型，修剪上应按照多主枝自然圆头形等进行整形，要注意选留2 ~ 3个生长强壮的基生枝作为主枝进行培养。

幼树期的蓝莓冬季修剪中，可疏除树体下部的细弱枝、交叉枝、过密枝、平行枝及病虫枝。夏季修剪中，可剪除基部萌蘖枝和过密枝。栽后第一年定干完成后主枝基本不修剪；第二年树体可以少量结果，但仅在强壮枝上保留少量花芽使其结果，其余全部疏掉，单株产量控制在1千克以内。对于具有徒长性质的生长过旺枝条在夏季修剪时要进行短截（图8-17），以促进其分枝和平衡树势。

图8-17　生长过旺的枝条及其夏季短截处理

冬季对花芽过多的枝条，适当剪除部分花芽，以节约营养，促进树体快速成型。

（三）结果初期修剪

结果初期是指蓝莓从第一次结果到开始具有一定经济产量为止，一般为定植后3 ~ 4年。

结果初期的蓝莓树冠和根系的离心生长仍在快速扩大，枝条发枝量在迅速增加。此期修剪目的是保持树势健壮，实现立体结果，注意调节平衡，营养枝仍以轻度和中度短截修剪为主，减少给树体造成机械伤，影响树体的营养生长。

对结过果的枝条则采取轻度回缩为主（图8-18），回缩位置应以回缩处当年生枝秋季能形成花芽为依据。若当年生枝生长势中等或较强，则按照从上往下的顺序回缩到生长旺盛的当年生枝条处或回缩到两年生枝的中部，留下部2～4条分枝即可；若当年生枝生长势很弱，甚至未萌发，则对两年生枝进行疏除。

图8-18　回缩处理结过果的枝条

（四）结果盛期修剪

结果盛期是指树体持续保持高产稳产的时期，一般在定植5年之后。

结果盛期的蓝莓树冠和根系大小基本定型，树体进入了成年期。成年期的长短决定着蓝莓园寿命的长短。因此，此期修剪以平衡营养生长和生殖生长，追求最大最优结果状况为主，修剪的重点以处理好结果枝的回缩更替、树体内膛的通风透光及枝条间的竞争为主。

视频10　结果盛期蓝莓树采后修剪

成年树结果部位容易外移，部分大枝生长势衰弱，轮回修剪十分关键。冬季修剪时对生长势衰弱的大枝宜用回缩复壮修剪（图8-19），以重新培养新的结果枝组；对树体主枝过高也可以回缩，以控制整个树体高度，便于采摘。对强旺树枝条去强留庸；对弱树枝条去弱留强。同时，注意疏除全树的细弱枝、下垂枝、交叉枝、病虫枝等。

图8-19 回缩主枝调节生长势

成年树夏季修剪时，对结过果的枝条采取轻度回缩为主，回缩位置应以回缩处当年生枝秋季能形成花芽为依据。若当年生枝生长势中等或较强，则回缩到生长旺盛的当年生枝条处或回缩到两年生枝的中部，下部留2～4条分支即可。同时注意剪除多余的根蘖枝、内膛密挤枝和扰乱树形枝，确保树冠通风透光。

盛果期的蓝莓修剪完成后，好的修剪标准是：树体、枝条中下部通风透光，细弱枝少、不密；每个枝条顶部至少第一枝能形成良好结果枝；每个枝条和整个树体中部不密，全树弱枝少，树体健壮。

（五）衰老树修剪

若蓝莓出现“小老树”症状或者衰老症状，冬季修剪时以平茬修剪为主，即在离地面约20厘米处对所有主枝截干，以重新培养树冠。

衰老严重的树体应以更换苗木重新定植管理为主。

第九章 花果管理与树体保护

花果管理包括疏花疏果和保花保果。疏花疏果就是疏除花芽、花朵或幼果中的一部分以降低蓝莓开花量和结果量，平衡营养生长和生殖生长，促进树体健壮生长和优质高产。保花保果则是通过保证蓝莓正常授粉受精条件下，降低冻害、晚霜、梅雨等自然天气及鸟类、病虫等外部生物对蓝莓果实生长发育的危害，从而提高蓝莓栽培产量和品质的方法。疏花疏果和保花保果表面对立，实则统一，它们均是促进树体连年丰产稳产的重要措施。

蓝莓树体管理主要包括夏季遮阳降温管理、冬季防寒防抽条管理、雨季防汛抗涝管理等。

一、疏花疏果

蓝莓花芽容易形成，每年落花落果轻，因此在保证授粉受精前提下，通常都会出现花量大、结果多的情况。但蓝莓花量过多、结果过量时会分散树体当年的光合营养和矿质营养，结果造成结果当年果实偏小、风味变差、树势枝势早衰、特大果和大果占比下降，树体寿命缩短、果实品质下降等问题。因此，有必要通过疏花疏果合理调节树体营养生长和生殖生长平衡，使花果负载适度，让丰产稳产、大果优质并行并存。

（一）留果量的确定

1.以产定果法 以产定果法就是先根据品种特点、肥力条件和优质高产园的历年产量等情况预先估算出亩产预计值，然后根据定植密度确定每株的产量，进一步根据单果重确定出每株具体留果量，最后按照确定的留果量疏除多余的花、果。如以亩产1 000千克为目标，则定植密度为每亩200株的田块，每株产量则约5千克，进一步根据单果重大小确定每株的花果留量。具体操作时还要依树势而定，树大树强的可多留点，树小树弱的可少留点。

2.叶果比法 叶果比法是以每株树上的叶片总数和果实总数之比确定树体的合理负载量。蓝莓是先花后叶植物，因此叶果比法主要用于定果。蓝莓一般以（4 ～ 5）∶1的叶果比为佳。

3.依枝定花芽 依枝定花芽是依据结果枝的类型确定花芽保留量的方法。北高丛蓝莓品种中，长果枝（≥20厘米）留6 ～ 8个花芽，中果枝（10 ～ 20厘米）留4 ～ 5个花芽，短果枝（≤10厘米）留2个花芽。

（二）疏花疏果方法

蓝莓疏花疏果主要以疏花为主，疏果为辅。

1.疏花 蓝莓疏花包括疏花芽和疏花朵。

疏花芽（图9-1）一般在冬季修剪期和早春复剪期进行，主要是剪除部分结果枝条或结果枝的一部分，降低花芽基数。单花芽枝条和细弱结果枝，一般营养条件差，生长细弱，直接疏除。发枝量大的品种疏除过多细弱结果枝，发枝量小的品种少疏结果枝。

疏花朵在春季蓝莓花序分离、花蕾显现时进行。

2.疏果 疏果在坐果后到第一次膨大前（约出现在坐果后2周）进行，主要疏除密挤的幼小果、畸形果、双果。

图9-1 蓝莓疏除部分花芽（左）及疏花芽后的结果情况（右）

在春季没有冻害等恶劣天气影响的情况下，越早疏果越好，这样可以节约更多营养供应给留下来的果实和树体生长发育。弱树疏果要疏除细弱枝。

二、保花保果

蓝莓保花保果的技术要点主要包括以下几个方面：

（一）保证良好授粉受精条件

蓝莓自花授粉结实率普遍偏低，果实品质也低于异花结实，因此最好采取多品种混栽以促进相互授粉，且授粉品种和主栽品种的比例一般不低于1 ：4。

其次要保证良好的授粉和坐果条件。蓝莓为虫媒花，可以养蜂授粉。花期适当喷施硼肥（0.1%～0.3%）、蔗糖（5%～15%）、赤霉素（20毫克/升）溶液可促进蓝莓花粉管萌发，提高坐果率。蓝莓花期还要注意做好灰霉病的防治。

最后要加强对异常天气的防范。花期冻害、晚霜是影响蓝莓产量，造成减产的重要因素。

（二）加强树体综合管理

蓝莓开花前的生命活动主要依靠的是树体贮藏营养。如果营养不足，首先影响花器发育，其次影响花粉活力和授粉受精质量。

通过冬季修剪、春季复剪疏除蓝莓弱枝、弱花，减少养分的无效消耗，有利于营养集中供应。为提高优质大果占比，要坚持利用壮枝、壮芽、壮树结果，避免过量结果。

开花期、幼果膨大期分别进行叶面喷肥，可改善蓝莓叶部营养，起到保花保果的作用。

（三）成熟期避雨防鸟

在我国南方地区的蓝莓产区，果实成熟期恰逢多雨天气，容易使露地条件下栽培的蓝莓因降水过多而出现落果、裂果问题（图9-2）。所以采用连栋大棚、单栋大棚、简易棚架等避雨设施进行栽培对于防止蓝莓落果、裂果、染病十分重要。

图9-2　降雨对蓝莓果实的影响

另外，自然条件下，鸟类喜欢啄食蓝莓成熟果，因此做好鸟害预防也是保花保果的重要举措。实践证明，架设防鸟网是防止鸟害的最有效方法之一。种植量少时，可以直接在蓝莓树上简易覆盖防鸟网。

（四）控制二次花结果

蓝莓秋季容易出现二次开花现象。二次开花如果适逢不良气候，畸形花、畸形果比例极高（图9-3）。

图9-3 蓝莓秋季产生的畸形花与畸形果

蓝莓秋季开放的二次花在露地条件下多数不能坐果，或者尽管能坐果但果实发育不正常，出现畸形或不能成熟等问题。二次花现象消耗蓝莓大量树体营养，致使植株冬季抗寒防抽条能力变弱（图9-4），严重影响次年的正常开花结果。

图9-4 蓝莓秋季二次开花与二次花枝越冬表现

蓝莓出现二次开花现象多与品种、秋后高温、温湿多雨等条件有关。甜心、绿宝石等品种成花容易，在南京秋季气候条件下，容易形成二次花。利用玻璃温室等设施对L系列品种、绿宝石进行反季节栽培利用（图9-5），其开花量较大，果实能正常结果，产量较高。

图9-5　设施条件下绿宝石开花状和结果状

（五）敲花

蓝莓坐果后，部分品种的花冠存在难脱落现象（图9-6）。为不影响幼果正常发育，需要采用竹竿敲枝进行荡花清理或者人工揪花去除。

图9-6　幼果上残留的花冠

三、树体保护

蓝莓天生娇气，做好树体保护是降低植株死亡率、延长结果盛期、保证丰产稳产的关键。

（一）夏季遮阳降温

蓝莓果实采收后树体营养还正处于恢复期即迅速进入盛夏高温季节。此期田间气温升高，日照强度增加，树体蒸腾量增大，树体极容易出现生理性干旱，导致叶片枯萎、焦枯，甚至出现大树死亡的现象。若定植时蓝莓根系基质球未充分松解，此期树体死亡率将会更高。

蓝莓园夏季遮阳管理中，遮阳网覆盖位置一般在树体正上方，遮光率以25%～50%为宜。为节约成本，防鸟网在蓝莓采收后可不拆卸（图9-7），直接继续用于降温遮光处理。秋冬季节选择相对农闲时再将防鸟网收起，以备明年使用。

夏季遮阳

秋季卷起

图9-7　遮阳网纱

夏季高温季节，对蓝莓树体进行适量灌水或树冠喷水，也具有调节土壤水分、增加空气湿度、提高树体抵抗高温强光伤害的作用。蓝莓园灌水要避免在中午高温条件下进行，一般在傍晚进行，一次灌水量不宜过多，应按照少量多次的方式进行。

（二）冬季防寒防抽条

抽条是蓝莓在越冬期因枝条失水而出现皱皮、干枯、死亡的一种现象。抽条容易在冬季幼树、木质化不充分的枝条上发生。抽条严重时可使整株树体枯死。

蓝莓抗低温能力尽管较强，但其树体枝干细，木质部较薄，髓部较大，因此在冬季低温和大风的作用下极容易发生抽条。另外，容器栽培的蓝莓由于根系受限于特定容器空间之内，基质量少而对外界温度、水分等环境变化的缓冲能力弱，因此对冬季风害、低温抵抗能力也差，容易造成不同程度的抽条、冷害、冻害等现象发生。

我国北方高寒地区，蓝莓一般采用人工埋土防寒、塑料膜覆盖防寒等方式进行。南方地区一般采取综合措施进行，包括设立风障、合理施肥灌水、冬季树体包裹等。秋季在蓝莓树体生长后期多施磷钾肥，少施氮肥，同时控制好灌水量、做好树盘覆盖，提高树体抗逆能力（图9-8）。冬季，将蓝莓树体枝条收拢成束后用绳子捆扎，再选用塑料布、无纺布等包裹物将树体包裹。

补施基肥

补盖覆盖材料

图9-8 秋季树盘管理

（三）雨季抗涝管理

蓝莓怕涝。每年6—7月恰逢梅雨、暴雨常发期，因此一旦发现蓝莓园出现水涝情况，要及时做好排涝工作。

蓝莓容器栽培模式尽管本身具有抬高树体定植高度，提高抗涝能力的特征。但生产中同时还要注意选择地势高排水方便的地块建园、做好排水系统，种植抗涝能力强的南高丛、兔眼品种，采取起垄栽培等措施，进一步提高蓝莓抗涝能力。

蓝莓园一旦出现了水涝情况，首先要借助抽水机、开沟引流等方式尽快排水，使土壤恢复干爽。其次，对冲倒、冲歪的蓝莓树要尽快扶正、培土、保护根系。为防止淹水蓝莓园内出现病虫害流行，蓝莓园排涝后还要及时对树盘做好杀菌防虫工作(图9-9)。

图9-9　蓝莓园淹水后及时杀菌防病

第十章 蓝莓病虫鸟害防治

蓝莓病虫害防治的基本原则是“预防为主，防治为辅”，要保护利用各类天敌，加强综合防治，优先采用物理防治、生物防治，必要时采用化学防治。化学防治时要使用高效、低毒、安全或生物源农药，集成绿色防控技术和新型植保机械进行。鸟类是对人类有益的生物，不属于有害动物。鸟害防治要坚持“保护前提下减轻鸟害”的原则进行。

一、病害防治

（一）微生物病害

1.灰霉病 灰霉病传染性极强，发病初期重点危害蓝莓花序，造成花序枯萎腐烂，随后危害尚未成熟的果实，造成果实腐烂凹陷，逐渐干瘪、脱落。果实采摘后进一步危害果实，造成果实储藏保鲜困难、霉烂严重（图10-1）。

引起蓝莓灰霉病的病原一般认为是灰葡萄孢菌。它除感染蓝莓外，还会侵染葡萄、番茄、草莓等经济作物，引起灰霉、叶疫、茎腐等症状。

灰霉病病原以菌丝、菌核、分生孢子等形式在土壤或病株残体中越冬。当春季气温回暖到5℃以上、空气湿度在85%以上时

图10-1　蓝莓开花期（左）、幼果期（中）、果实储藏期发生的灰霉病（右）

迅速生长，并产生分生孢子，开始传播。蓝莓开花期是灰霉病极易感染的高度敏感期。此期灰霉病分生孢子容易随风传播到蓝莓花序上开始侵染蓝莓花，实现初次侵染。当有花蜜等外渗物存在时，孢子营养充足更容易萌发。蓝莓幼果期也是灰霉病容易感染期，因此病原菌在初次侵染发病后，染病部位可再次产生分生孢子进行果实等二次侵染。蓝莓果实采后贮藏中，灰霉病也极容易发生，其菌丝穿透能力强，不仅能侵害受损的果实，也能侵染健康的果实。

灰霉病的防治首先从选择抗性强的品种（如奥尼尔等）、降低栽培密度、改善通风透光条件入手。其次应增强树势，提高树体抗性。最后要注意及时清理病株病花病果，降低环境湿度。采用药剂防治时，要注意早预防，坚持在灰霉病最容易侵染蓝莓的开花期和幼果期选用腐霉利、异菌脲、百菌清等保护剂和啶酰菌胺、嘧霉胺等烟剂进行预防。在蓝莓果实贮藏期，选用人体不易吸收且安全高效的枯草芽孢杆菌、假丝酵母、丁子香酚、氟硅唑，以及纳他霉素和维生素C复配剂等进行防治。

0℃以下的低温能显著抑制灰霉病菌的生长和繁殖，故低温贮藏也是有效途径。

2. 枝枯病　枝枯病是一种流行性枝杆病害。枝枯病发病突然，会直接导致枝条或整棵植株数天内萎蔫干枯而死亡。

蓝莓枝枯病的病原菌为葡萄座腔菌科真菌。发病初期，它通过皮孔、气孔、伤口等侵染枝条的维管束组织并导致枝条死亡，后期通过植物的木质部传导导致其他枝条或整株死亡，受害枝条上的叶片呈现红棕色和纵卷症状（图10-2）。

图10-2 蓝莓枝枯病危害后的枝条（左）、叶片（中）和植株（右）

蓝莓枝枯病容易在冬春交接期和夏季采后修剪期发生，且高温高湿是其传播的基本条件，因此防治方法上一方面要对发病的枝条彻底剪除销毁，另一方面可用春雷霉素、枯草芽孢杆菌等喷施树体。此外，选择南高丛蓝莓、兔眼蓝莓中抗病性强的品种进行栽培也是重要途径。

3.叶片褐斑病 蓝莓褐斑病是由假尾孢菌引起，主要危害叶片。发病初期，叶片产生形状不规则的褐色小点，后期病斑扩大，但仍与健康部分有明显交界线。斑点着生于叶片的正面是褐斑病的一个典型特征（图10-3）。

假尾孢菌会引起叶片焦枯，提前脱落，影响树势，严重时直接影响蓝莓的产量和品质，因此生产上应作为重点对象予以关注，发现症状时应及时喷施甲基硫菌灵、代森锰锌等真菌杀菌剂防治。

4.根腐病 蓝莓根腐病是由腐霉菌、疫霉菌、尖孢镰刀菌等真菌侵染引起。根腐病一般在夏季雨水较多时发生。发病初期，

图 10-3　蓝莓叶片褐斑病

先引起蓝莓根茎部表皮腐烂，随后，引起蓝莓根系木质部变褐、变黑，皮层腐烂、坏死，并蔓延至整个根系，进而导致病根全部变成黑褐，整株蓝莓死亡（图 10-4）。

图 10-4　蓝莓根腐病

蓝莓根腐病的防治要点是注意控制灌水并及时排水，清除病株，做好消毒。防治的化学药剂主要有霜霉威、甲霜灵、百菌清、代森锰锌、丙环唑等，使用时可将其与噁霉灵混合拌入细土一并撒施在蓝莓根茎部。

（二）生理病害

1.缺铁症　蓝莓缺铁时，叶片变黄，叶脉呈深绿色（图10-5）。蓝莓的缺铁症最先出现在生长的新叶上。

图10-5　蓝莓缺铁症

缺铁症出现的直接原因是叶绿素合成受阻，而导致该现象的本质是植物体内可利用铁缺乏，这主要与土壤中有效性铁（即二价铁或亚铁）不足有关，另外也可能与pH $>$ 5.2导致蓝莓吸收铁元素能力不足有关。

生产中解决缺铁症的主要办法是叶面喷施或向土壤中添加硫酸亚铁，或者向土壤中添加硫元素、泥炭、酸性肥料等以降低土壤pH，提高土壤有效性铁含量。

2.缺镁症　蓝莓缺镁时，叶绿素含量减少，叶脉间变红。该症状开始是叶脉间变黄，逐渐出现红色斑点，严重时呈鲜红色。老叶上最容易先出现症状，而嫩枝顶端很少受到影响。蓝莓缺镁症状常见于酸性土壤。生产中解决缺镁症的主要办法是叶面喷施或向土壤中添加硫酸镁，提高有效性镁的含量。

遇到低温时，蓝莓叶片也容易呈现出红色、紫色或栗色。这种现象主要与季节性温度变化或缺磷有关，注意区分。秋天蓝莓叶子会变成栗色，这是对气温下降的正常反应。春天寒冷时，蓝莓叶子也会出现红紫色，但随着天气变暖，这种颜色会逐渐消失。另外，如果pH>5.2且无法充分吸收磷元素时，蓝莓叶片也会出现红色、紫色或栗色。蓝莓由于对磷元素需求量低，一般田间很少会因缺磷而出现红色叶。

二、虫害防治

（一）刺蛾

刺蛾属鳞翅目刺蛾科，又名洋辣子、麻辣子。蓝莓园内，经常有人不小心会被刺蛾幼虫（图10-6）毒刺蜇到，会引起皮肤肿痒。由于刺蛾的毒液呈酸性，可用小苏打、碱面稀释液或者肥皂水涂抹以缓解症状。

图10-6　蓝莓刺蛾幼虫

刺蛾是一种食叶性害虫。它的低龄幼虫主要吞食叶肉，形成网状或白膜状叶脉。大龄幼虫能将叶脉、叶肉全吞食，形成缺刻，严重时会吞食整个叶片而只留叶柄。

每年秋末，刺蛾的幼虫开始结茧；冬季，刺蛾老熟幼虫在茧内越冬；第二年春季，刺蛾幼虫开始化蛹；初夏开始羽化，羽化后即可交配，2天后产卵，随后孵化出幼虫开始危害蓝莓叶片。危害时间主要集中在6—9月。

刺蛾的防治方法包括：①灯光诱杀成虫。刺蛾成虫具有趋光性，多在黄昏羽化，昼伏夜出，故可于4—10月在蓝莓园悬挂黄色诱虫灯进行诱杀。②清除虫茧。冬季或早春对土壤进行中耕，清除虫茧。③药剂防治。为害初期可喷施青虫菌菌液，或0.3%苦参碱水剂，或1.8%阿维菌素可湿性粉剂进行防治。一旦虫害扩散可以喷施菊酯类药剂防治。

（二）木蠹蛾

木蠹蛾又称钻心虫，属于鳞翅目木蠹蛾科昆虫。木蠹蛾主要危害蓝莓枝干（图10-7）。夏季，蓝莓果实采摘后，木蠹蛾以钻食蓝莓枝条的木质部和髓部危害为主。危害后的蓝莓枝条出现木蠹蛾钻蛀口，口处有粪便排泄物，枝条危害后极易在钻食处断裂，

图10-7　木蠹蛾对蓝莓茎枝危害症状

导致受害枝条甚至整株蓝莓地上部断裂死亡。

南京地区，木蠹蛾每年发生一代。冬季在粗皮、翘皮、树杈等处结茧越冬。春季随着气温升高陆续开始化蛹，6月开始羽化、产卵，7—9月幼虫开始钻蛀危害蓝莓枝干。

木蠹蛾的防治重点是6月利用杀虫灯捕杀羽化后的成虫，同时在6月下旬起每间隔10～15天喷施氰戊菊酯、除虫脲等杀虫剂1次，杀死幼虫。当发现蓝莓枝条危害后应及时从伤口处剪断枝条，集中销毁。

（三）蓑蛾

蓑蛾属鳞翅目蓑蛾科，俗称“吊死鬼”“蓑衣丈人”“袋虫”等。蓑蛾用吐出来的丝将枯枝碎叶粘成护囊（图10-8），然后身体躲在里面悬挂在树枝上。蓑蛾危害时会把头和胸伸出护囊，四处爬动进行危害。

图10-8　蓝莓枝条上的蓑蛾护囊

蓑蛾主要危害叶片。它的幼虫肥大，胸足和臀足发达，腹足退化成吸盘，蚕食叶肉，形成网状或白膜状叶脉。蓑蛾对蓝莓单株危害较重，整体发生较轻。

冬天，蓑蛾幼虫躲在护囊内越冬。第二年春季，越冬幼虫开始活动取食。5月中下旬开始化蛹。6—7月成虫羽化，产卵。6—8月1代幼虫发生，开始危害。9月2代幼虫开始危害。幼虫在孵化后1～2天先取食卵壳，后爬上枝叶吐丝营造护囊，藏于其中并开始取食。

蓑蛾有护囊保护，防治困难。一般的防治方法是：①人工摘除护囊。②黑光灯诱杀。③用杀螟杆菌、蜡螟杆菌3号、阿维菌素乳油或毒死蜱乳油在幼虫期进行喷施防治。

（四）尺蠖

尺蠖属于鳞翅目尺蛾科昆虫，爬行时身体一屈一伸似拱桥（图10-9）。尺蠖主要危害蓝莓叶片。尺蠖幼虫在蓝莓展叶时即开始取食幼叶，造成叶片破损，残缺不全，甚至整叶被啃光。

图10-9　蓝莓叶片上的尺蠖

南京地区，尺蠖幼虫一般在3月下旬开始出现，伴随着叶片的生长而开始危害。5月开始老熟化蛹。

尺蠖的防治重点包括冬季清园和灭杀幼虫。冬季，可将蓝莓园清除落叶、翻耕冻伐、清除虫蛹。生长季节可以采用喷施多角体病毒制剂、苏云金杆菌制剂等杀虫剂进行灭杀。尺蠖虫龄越小防治效果越好。

（五）椿象

椿象属于半翅目害虫，俗称“放屁虫”“臭大姐”等。椿象（图10-10）具有刺吸式口器，在蓝莓上主要以若虫和成虫刺吸新梢、嫩叶汁液，导致被害部位停止生长，出现畸形。椿象以卵在蓝莓粗皮、枝梢或断枝中越冬。每年3—4月，平均气温达10℃以上，相对湿度达70%左右时，越冬卵开始孵化为若虫，并刺吸蓝莓幼芽、嫩叶及新梢的汁液。4—5月，是椿象危害盛期。椿象的成虫在一年四季均可见，但以夏季最多，冬季最少。椿象具有趋光性。椿象的发生与空气湿度密切相关，它喜欢高温、多雨。

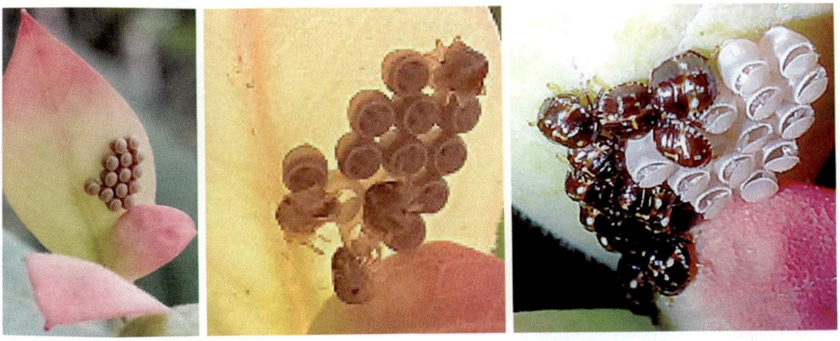

图10-10　蓝莓叶片上的椿象若虫

椿象防治有两个关键时期：一是3—4月越冬成虫春季刚恢复活动时，耐药性差，在产卵前喷一次绿色农药防治；二是4月孵化的若虫在3龄以下耐药性差，且不具有飞行能力，因此是第二次喷药关键期。椿象的防治尽可能在若虫期开始喷药防治，避免成虫的迁飞性。防治椿象的药剂主要有氯氰菊酯和毒死蜱等低毒高效类杀虫剂。

（六）蚜虫

蚜虫是同翅目蚜科昆虫。蚜虫直接危害蓝莓的幼嫩器官（图10-11），包括新梢、新叶、幼花、嫩果。危害后的器官出现失绿、变色、皱缩等症状，严重的呈现煤污状，影响生长发育。

蚜虫繁殖速度极快，种群数量增大迅速，世代交替现象严重，因此对化学药剂容易产生抗性。另外，蚜虫危害期常和蓝莓花期重叠，用药不当会直接影响昆虫授粉。

图10-11　蚜虫危害蓝莓叶片

蚜虫的防治一方面可采用黏虫黄板进行引诱，另一方面可以适当使用除虫菊素、吡蚜酮、吡虫啉、氟啶虫胺腈等药剂进行喷杀。喷杀时农药一定要喷得细致、均匀，尤其是叶子正反面都要喷，以喷雾新梢叶片为主，以喷雾幼树果园为主。另外，还可以培养蚜虫的天敌，利用蚜茧蜂、食蚜蝇等进行防治。

（七）介壳虫

介壳虫属于同翅目蚧总科。介壳虫以若虫、成虫聚集，危害蓝莓的叶片和枝条（图10-12），会造成叶片发黄、枝梢枯萎、树势衰退，影响蓝莓的生长发育。介壳虫的排泄物还很容易引发煤污病。

介壳虫在蓝莓上每年发生一代。冬季，雌成虫在枝条上越冬，7月卵开始孵化。孵化的若虫开始危害蓝莓叶片，随后向枝条转移，进行固着生活，开始危害枝条。

介壳虫的防治技术要点包括：①结合冬季修剪，剪除销毁虫枝，降低虫口基数。②介壳虫量少时进行人工刷除或刮除。③必要时进行药剂防治。7—8月在介壳虫若虫阶段，直接用矿物油、螺虫乙酯等药剂进行喷雾防治。

图10-12　介壳虫危害蓝莓枝条

（八）卷叶蛾

卷叶蛾是鳞翅目卷叶蛾科昆虫。卷叶蛾主要以幼虫咬食蓝莓新梢和嫩叶危害为主（图10-13），结果使叶片卷曲，新梢枯死。稍大的幼虫还会吐丝，将枯叶、枯梢缠绕在一起，躲藏其中继续危害周边叶片。

图10-13　卷叶蛾幼虫及其危害状

卷叶蛾一般一年发生两代。冬季以幼龄幼虫在粗皮裂缝、翘皮中越冬。春季萌芽时出蛰危害，老熟后在卷叶内化蛹。6月成虫出现，随后第一代幼虫危害。初龄幼虫能吐丝，随风转移，以第二代幼虫在10月寻找适当场所结茧越冬。

卷叶蛾防治时，成虫期可以采用杀虫灯诱杀，幼虫直接喷施溴氰菊酯等药剂进行防治。如果发生量不大，还可以人工捕杀。

（九）蛴螬

蛴螬是鞘翅目金龟甲科金龟子幼虫的总称，它从雌性母体产卵到发育成熟需要在土壤中停留3 ～ 4年的时间。

蛴螬幼虫喜食蓝莓幼根，后期喜欢啃食蓝莓较粗根系和茎基部皮层（尤其是根颈树皮），危害高峰期是每年的5—6月，危害后常常造成地上部因缺乏水分、养分而整株死亡。

蛴螬的防治首先需要加强预测预报，摸清蛴螬及其成虫（金龟子）的发生规律和种类。然后在每年越冬幼虫集中出土期、卵孵化盛期采用化学农药重点防治。具体的防治要点包括使用基于高温充分腐熟的有机肥减少金龟子虫卵；利用蛴螬成虫（金龟子）的趋光性、趋化性，采用黑光杀虫灯、糖醋液（红糖：醋：美曲膦酯：白酒：水＝10 ：20 ：1 ：4 ：100）等诱杀蛴螬成虫；施用白僵菌等蛴螬专用型杀虫剂到蓝莓根部，或浇灌美曲膦酯、吡虫啉、印楝素、除虫菊素等低效毒杀虫剂到蓝莓根部。

此外，蓝莓园中放养或保护蜘蛛也对害虫防治十分有益。

三、鸟害防治

蓝莓果实是浆果，特别受鸟类喜爱，常被掠食。蓝莓田中若不做防鸟处理，成熟期几乎采摘不到成熟果实。另外，鸟类也喜欢啄食蓝莓的花、捕食蓝莓的授粉昆虫，它们也会影响蓝莓坐果率的提高。

鸟类掠食蓝莓时具有自主选择性，一般优先危害通风透光的树体外围，品质好的果实。一天中，鸟类在黎明前后和傍晚前后有明显的活动高峰，在蓝莓果实尚未完全成熟时开始危害。危害时，有的果实完全被食用，有的则部分被食用，还有的被部分啄伤，失去销售价值。

蓝莓田里常见鸟类主要包括灰喜鹊、白鹭、灰鸽子、麻雀、乌鸦、斑鸠等。

尽管保护蓝莓果实会与鸟类掠食发生冲突，但鸟类是生态系统中的重要成员，对昆虫的捕食也是非常重要的，因此蓝莓生产上一般使用不伤害鸟类的方法预防鸟害。

布设防鸟网是最有效的防鸟害方法。简易布设可以在蓝莓树上直接罩网，但大面积防鸟最好还是搭建防鸟架，进行防鸟网覆盖控制。

视频11　防鸟网布设

防鸟网覆盖技术是将防鸟网罩在田间搭建的铁丝棚架上，用人工隔离的方式阻止鸟类危害果实的一种方式，属于物理防鸟。

（一）防鸟网的选择

选择防鸟网，首先要考虑网孔大小。蓝莓园防鸟一般使用网孔2厘米、丝径0.25毫米的防鸟网。长度、宽度根据蓝莓园的大小确定。

其次应考虑防鸟网的颜色。蓝莓园常用的防鸟网有绿色、白色、橘红色等颜色，其中白色、绿色最为常用，橘红色防鸟网需要提前定制。

防鸟网的寿命最好采用1年期的。因为1年后，防鸟网的颜色会退化，影响防鸟效果。另外防鸟网是用完即拆卸的，使用一季后难免有些地方会破损而起不到防鸟效果。

（二）防鸟网的搭建

防鸟网的搭建分为立立柱、架棚面、铺防鸟网、绑扎等环节。

1.立立柱　立柱属于永久性设施，要求坚固耐用，抗风能力强，一般选用钢材。

立立柱前，需要根据园地地形、面积大小、道路走向、排水沟走向、风向等按照每10～20亩地划分1个小区，然后再立立柱。立立柱时根据规划图标好放样点，先立4个角立柱，再定中间立柱。立柱要垂直（图10-14）。

立柱的长度要在2.5米左右，其中埋（插）入地下的部分不低于30厘米。顶部带纵、横双向孔，以便于架设铁丝棚面。

图10-14　防鸟网立柱

由于四个角和四个边的立柱承受的拉力更大，因此注意在四角和四边设斜撑或地锚（图10-15）。立柱间距6～8米（图10-15）。

2.架棚面　棚面要求能承受防鸟网重量，防鸟网覆盖后架面不下垂。

一般选用8号钢丝，呈“十”字穿过立柱顶端的纵、横向孔，水平交叉，形成棚面。立柱的顶端要用塑料布包扎，防止管内进雨水和磨破网线。在边缘处需要45°埋入地下，固定好（图10-16）。

图10-15　防鸟网边角斜撑及立柱间距

图10-16　防鸟网棚面铺设

3.铺防鸟网　一般在果实成熟前1个月开始搭建防鸟网。在立柱、棚面架好后，直接铺防鸟网。铺防鸟网时，首先将防鸟网搭在棚面铁丝上，然后再展开（图10-17）。

图10-17　防鸟网铺设

防鸟网交接处要扎牢，不留空隙。边缘处要多留点，以增加边缘拉力，同时能充分保证全园覆盖，不留缝隙（图10-18）。

图10-18　防鸟网边缘拼接

（三）防鸟网的维护和拆卸

防鸟网应经常检查，发现有破损的及时修补，有落入的鸟类及时清理放生。果实采收后，防鸟网可以拆除，也可以作遮阳网留置到秋季再拆。

• 第十一章
蓝莓采收与贮藏

生物体内活性氧系统和抗氧化系统间的平衡被称为氧化–还原稳态。人体内超氧阴离子、过氧化氢、过氧自由基等活性氧过量会打破这种平衡，激发氧化应激反应，破坏细胞内蛋白质、脂质、DNA等物质导致脂质过氧化、信号转导通路改变，以及细胞膜和细胞器破坏等。为维持氧化–还原稳态，生物体内需储存一定量的超氧化物歧化酶、过氧化氢酶、过氧化物酶、谷胱甘肽、抗坏血酸、类胡萝卜素、多酚化合物等内源性抗氧化剂（酶）。蓝莓果实就是这样一种富含抗氧化剂的果实。

蓝莓果实中的抗氧化剂以黄酮类化合物为主，包括花青素、黄酮醇、黄烷醇等。蓝莓果实内以酚酸、单宁和二苯乙烯为代表的多酚化合物占比也较高。它们对过氧化氢、超氧阴离子、过氧自由基和单线态氧等具有极高的抵抗能力；它们在预防许多慢性病方面也发挥着关键作用，例如蓝莓类黄酮能抑制脂质氧化，也能螯合金属并清除活性氧；花青素可抑制人体低密度脂蛋白和脂质体的氧化，清除自由基，具有显著的抗衰老和免疫保护作用。花青素的糖基化不利于花青素清除自由基活性的发挥，因为它降低了花青素自由基吸引电子的能力。多酚化合物能抑制维生素C、类胡萝卜素和不饱和脂肪酸的氧化。蓝莓果实还含有维生素C、维生素A、类胡萝卜素、维生素E和B族维生素等人类有益营养成分。它们是蓝莓多种有益健康特性存在的基础。

一、果实采收

蓝莓从开花到果实成熟至少需要40天时间。当蓝莓果皮颜色变蓝，香味变浓，即达到园艺学上的成熟。有些红色品种果实成熟的标志是颜色变红而非变蓝。作为商品果销售，果实果蒂处颜色完全变蓝后即可采摘，但鲜食为主的果实在变蓝起7 ~ 10天后采摘，品质、风味最佳。如果采摘过早，蓝莓果实小且重量轻，风味不足；采摘过晚，果实变软，耐贮运性下降，货架期变短且容易落果。整体未变蓝的果实（图11-1）被认为是不完全成熟的果实，商品性大大降低，因此采摘时要注意采摘完全变色的果实。

图11-1　未完全成熟的果实

蓝莓果实采收前一个月，种植户需要预估产量，并根据产量拟定采收计划，做好采摘用具、人员、临时储存用地、包装分级等采摘前的各项准备工作。

蓝莓果实采摘时应选择在晴天气温较低的上午9时之前或下午4时之后或阴天进行，要避免在雨天、露水未干和高温时段采收。实践表明，夏季中午高温时段采摘的果实温度高，不容易贮存；保存在常温条件下霉烂率高，品质下降快。

视频12　果实采摘

蓝莓果实成熟期并非全部一致，采收期一般需要持续3 ~ 4周。生产上可每隔5 ~ 7天采收1次，分4 ~ 5次完成。实践中，企业通常会根据品种、栽培面积、采摘人数、天气、市场等综合因素进行判断，确定采摘时间，但通常第一次采摘的果实多为成熟早的大粒果，所以此期果实一般单果重、硬度大，比较耐贮藏和运输；第二次采摘的果实，大果以上等级占比高，且因采摘稍晚所以蓝莓果实的品质基本达到了最佳；第三次采摘时大果以上等级果已基本近于尾声，而且余下的小果也已基本成熟，所以此期果实较小、硬度低、过熟果多；第四次采摘时小果占比最高，它们成熟度高、质地软、容易脱落，且市场价格较低，整体不耐运输；第五次采摘的果实基本处于成熟后期，果实普遍较小、成熟度极高、极易脱落，市场上基本失去了竞争优势，一般直接用于加工。

矮丛蓝莓果实小，成熟期相似，成熟后不容易脱落，手工采摘困难，因此常用梳齿状人工采收器采收。商业化栽培蓝莓主要为高丛蓝莓和兔眼蓝莓，它们多数采用手工采摘法，因此采摘时用工量大，需要提前做好准备，建园前也要做好充分考虑。然而冷冻贮藏的蓝莓通常可使用机械采摘和机械分拣的方式进行。

蓝莓果实的商品性好坏影响着它的市场价格，手工采摘前要进行专人培训。采摘时，要轻摘轻放，并顺着果实长势方向单粒轻拧，不要硬拔，以保证果实无损害。蓝莓果蒂痕是决定果实商品性的重要指标，它包括蒂痕的大小、干湿、深浅等。有的品种果蒂结合紧密，采收困难，采摘时稍不注意果蒂痕就会留下且很深、很大，有的甚至出现“出水”现象和果皮撕裂情形，因此要注意避免，保证果蒂无撕裂。另外，蓝莓果实表面覆盖有一层白色果粉，而果粉完整度也常被用于判断果实的新鲜程度，是决定蓝莓果实商品性的重要指标，因此采摘时要至少3个手指佩戴符合食品卫生要求的洁净软质硅胶指套，确保果粉完整。同时，蓝莓采摘时可先放入手提塑料篮中，在堆放厚度达到5 ~ 8厘米尚未造成果实挤压前带出地头集中放入浅盘中。果实采摘中要尽可能减少挤压，减少倒腾容器，以免降低果粉量和造成二次碰伤。此外，蓝莓采摘后还要注意剔除机械伤果、坏果、畸形果、病虫鸟害果等，同时浅盘要及时运送并放入10 ~ 15℃的环境中以便及时散除田间热，避免太阳下暴晒。

蓝莓果实采摘后要及时分选，完成分级装盘。蓝莓分级主要以果实直径大小和果粉覆盖程度为依据。一般分为特级果（特大果）、一级果（大果）、二级果（中果）、三级果（小果）和次果五级，具体要依据品种大小来分。一般中大果型品种中直径在1.8 厘米以上的为特大果（图11-2），直径在1.5 ~ 1.8厘米的为大果，直径在1.2 ~ 1.5厘米的为中果，1.2厘米以下的为小果。直径低于0.8厘米的果实基本属于次果，销售价格低，作为冻果原料用于加工。按照果粉覆盖程度可分为优等品、一等品、二等品，其中优等品果实要求果粉完整、无果蒂撕裂、全部成熟、大小均匀、全部为本品种中中等大小以上果；一等品要求果粉完整、果蒂撕裂程度低于1%、全部为本品种中中等大小以上果；二等品要求果蒂撕裂低于2%、未熟果和过熟果不超过2%、全部为本品种中中等大小果。另外，果实质地也常被用做分级指标。一般贮藏期长的宜选用质地偏硬的品种，而贮藏期短的可选用质地稍软的品种，贮藏后用于果汁和果酒生产的宜用质地较软的品种。

果实采收后会继续进行呼吸作用产生热量，因此需要在4个小时内散除“田间热”后进行冷藏，否则极易腐烂。

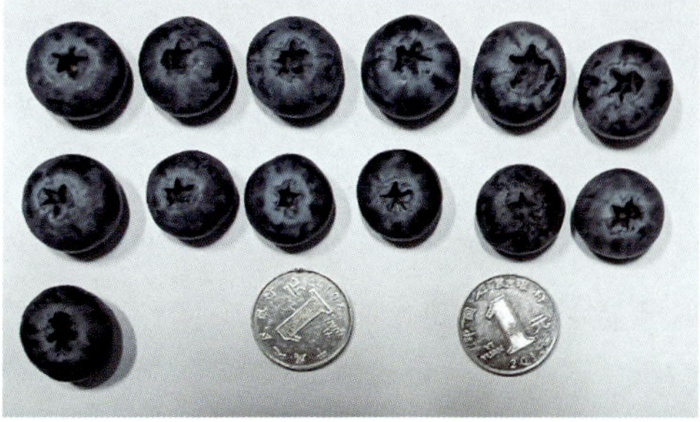

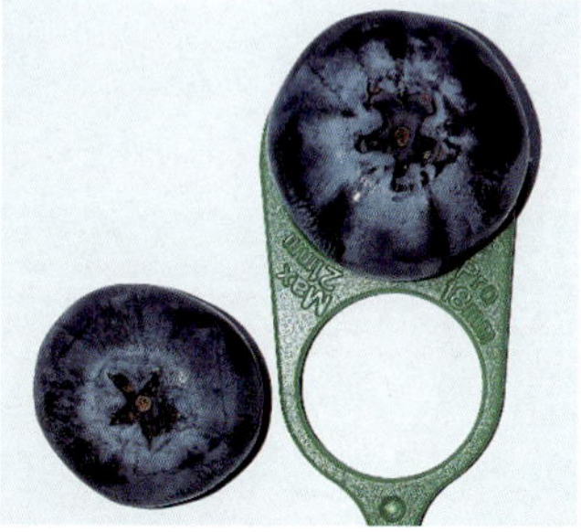

图11-2　蓝莓特大果

二、果实贮藏

蓝莓果实柔软多汁，皮薄易皱缩，采摘期集中。若销售难以迅速完成且贮藏不当，则极易发生果实堆积腐烂问题（图11-3）。根据笔者研究，蓝莓鲜果若不冷藏，在22℃左右的常温条件下放置2～4天便开始大量霉烂，而且果蒂和果顶处最容易受真菌感染而发霉。因此，蓝莓果实采收后，要注意及时降温冷藏。蓝莓果实可在10℃以下低温贮存，但最适宜的保鲜温度为1℃左右。有些品种成熟后冷藏12小时后风味变浓，口感更好。

图11-3　蓝莓贮藏期间发霉果

（一）果实预冷

蓝莓鲜果采收后，生物呼吸作用强烈，直接贮藏容易霉烂，因此需要散除“田间热”。散除“田间热”时要注意缓慢预冷，一般在2小时内将果实温度降到8～10℃即可。但需要注意的是，降温过快同样也会导致果实腐烂。利用冷库的冷冻机等制造冷风来预冷（又称冷库强风）是实现蓝莓预冷的主要方式，它预冷速度快，预冷效果好。蓝莓果实预冷完成后，果实温度需要保持在5℃以下，这样才能有效防止果实的腐烂。

（二）果实贮藏

蓝莓果实贮藏前要对贮藏库进行彻底清扫、消毒、灭菌处理，要检修设备，使之处于良好运行状态。蓝莓贮藏库消毒一般采用硫黄熏蒸，其中，硫黄用量约为5 ~ 10克/米^3，消毒时长1 ~ 2天。硫黄熏蒸后要及时对冷库进行通风。

低温是蓝莓贮藏中的第一重要因素。基本上所有的贮藏方法都是在低温基础上拓展和延伸的。气调是蓝莓贮藏中的第二重要因素，它通过控制贮藏环境中氧气、二氧化碳浓度来调节蓝莓果实呼吸作用、代谢活动，抑制病菌生长繁殖，保证蓝莓果实品质。

蓝莓的贮藏方式分为低温气调贮藏、低温冷藏、冷冻贮藏等。其中，低温气调贮藏和低温冷藏对应的设施分别是气调冷库和冷藏库，气调冷库主要用于1 ~ 2月内的长期贮藏，冷藏库主要用于1个月内的短期贮藏。

蓝莓果实贮藏中禁忌挤压，贮藏盘（图11-4）内的堆集厚度控制在5厘米左右。果实摆放时要按照“品”字形或“井”字形方式堆码。果堆之间要留出宽约2米的间隙。

图11-4 蓝莓果实的贮藏盘

–0.8 ~ 1℃是蓝莓果实的冰点温度。冷藏时注意不能低于该温度，否则果实容易变味变质，出库后容易软化腐烂，从而失去商品性。另外，蓝莓对氧浓度低于2%和二氧化碳浓度大于25%的环境均不具有适应性，因此，处于该环境时果实容易出现生理伤害，导致果实变味、果肉褐变。

1.低温气调贮藏 低温气调贮藏技术的核心是在封闭系统内适当的低温条件下，通过提高空气中二氧化碳浓度、降低氧气浓度来实现贮藏的。低温气调贮藏分为自发气调贮藏（MA储藏）和可控气调贮藏（CA贮藏）两种类型。自发气调贮藏为简易气调贮藏，是利用贮藏物品自身呼吸作用产生的二氧化碳来提高环境二氧化碳，利用自身消耗的氧气来降低环境中的氧气的一种贮藏方法。该方法操作简单、成本低，但存在对空气组分调控能力差、不精细、降氧速度慢等特点。可控气调贮藏是借助机械等实现人工调节气体组成的，它能在短时间内将空气中的氧和二氧化碳含量调节到适宜比例。

低温气调贮藏是蓝莓保鲜贮藏的重要方式，气调冷库是其核心设备。可控气调冷库贮藏下的蓝莓果实能较长时间地保持新鲜状态，果实的色泽、口感、营养物质基本不变，贮藏期可达1～2个月。自发气调冷藏贮藏下的蓝莓果实贮藏期一般不超过40天。采用非气调冷库贮藏的，贮藏期一般不超过20天。

蓝莓进行冷库贮藏前，首先要进行果实筛选，它要求果实硬度高，外观品质佳，无烂果、病虫果、畸形果、软果等次果。其次，要注意在8～10℃以下的条件下提前采用冷库强风进行预冷1～2小时，以尽快散除“田间热”。最后，注意设定好0～1℃的冷库温度和90%～95%的相对湿度条件。提高蓝莓果实的贮藏温度容易导致果实的呼吸强度增加而出现果实发霉、变味的现象；降低温度则容易出现结冰状况，导致蓝莓果实解冻后变软而失去商品价值。冷库湿度过低，蓝莓果实容易失水皱缩。

平时管理中，要注意经常观测冷库内的温、湿度条件和果实品质变化情况，对发现的问题要及时解决并作为确定贮藏时间是否结束的依据。一旦发现腐烂果要及时带出冷库，出现温、湿度不稳定，要及时调整，确保冷库内的温、湿度持续稳定在规定范围之内。

2.低温冷藏 冷库是实现蓝莓低温冷藏的基本方式，其温度常设定为0 ～ 2℃。低温冷藏适用于短期贮藏，其中冷库的温度可通过制冷压缩机等人为调节和控制。

低温冷藏常与自发气调贮藏相结合进行。蓝莓果实在完成预冷后装入内衬有厚度为0.03 ～ 0.05毫米的聚乙烯薄膜袋的纸箱中，在薄膜袋中心温度降至0 ～ 2℃后扎紧袋口进行自发气调贮藏。该方式能适度延长蓝莓贮藏期，适宜中长期贮藏。

低温冷藏要定期检查库内的温、湿度，尽量减少环境波动。为减少乙烯、乙醛、乙醇等不良气体危害，要定期选择在温度较低的早晨进行通风换气，以减少蓝莓烂果率和保持果实新鲜度。

3.冷冻贮藏 冷冻贮藏是指将蓝莓采摘预冷后通过速冻冷库进行快速冷冻的一种贮藏方式。该方式下，蓝莓果实能在极短的时间内快速形成小的、无损细胞组织的冰晶，从而能够长期保持蓝莓色泽、口感、香味和营养物质。

草莓、黑莓、树莓等其他浆果也常用冷冻贮藏方式保存，但它们容易出现变色和裂果的问题，而蓝莓无此现象。相比之下，蓝莓果实质地较硬，更适合冷冻贮藏。

蓝莓冷冻贮藏时要求将蓝莓果实装入聚乙烯薄膜袋等冷冻袋或容器中贮藏在－20℃左右的温度下。蓝莓冷冻前不需要洗果，以免破坏果实表面的天然保鲜层。冷冻贮藏的蓝莓果实，其口感、质地和外观能保持2年以上。

冷冻蓝莓食用时，可以和冰糖一起用做蓝莓汁或者蓝莓酱，也可以加水打成冰沙直接使用，还可以用于做甜点。

4. 保鲜剂处理 蓝莓含水量高、皮薄、采后细胞壁容易降解，因此果实容易变软，贮藏性差，不易保鲜。为提高鲜果的贮藏品质，延长贮藏期，人们根据蓝莓采后生理生化变化开发出了一些保鲜剂。

（1）化学保鲜剂 化学保鲜是利用化学药剂抑制或杀死微生物以对鲜果进行贮藏保鲜的。

蓝莓化学保鲜剂以植物生长调节剂及其合成的调节物为主。常用的有1-甲基环丙烯、水杨酸等。

1-甲基环丙烯是一种乙烯产生和乙烯作用抑制剂，它能与植物体内的乙烯受体结合，竞争性地抑制乙烯促进果实成熟和衰老作用。1-甲基环丙烯熏蒸时间要在果实体内乙烯产生高峰来临之前进行，以使1-甲基环丙烯提前进入细胞体内占据部分乙烯受体，阻止乙烯和其受体的结合，从而延长果实成熟衰老过程。1-甲基环丙烯与臭氧、二氧化碳、^{60}Co-γ辐照、乙烯吸附剂、二氧化氯等的结合使用可以极大地延缓蓝莓果实的成熟衰老，抑制其软化，保持其风味。

（2）天然保鲜剂 壳聚糖具有天然防腐和成膜的特性，是可食用的天然保鲜膜。壳聚糖涂膜能够阻止水分通过，减少果实蒸腾作用；能阻止氧气进入和二氧化碳排出，允许产生的乙烯释放，抑制果实呼吸作用。利用壳聚糖浸泡涂膜及其与冷藏、1-甲基环丙烯、藜麦蛋白、葵花油、芦荟、丁香、五味子、甘草、山梨醇等的结合应用，均能有效地保持蓝莓活性成分及抗氧化活性、减少果实腐烂率和失重率，延长贮藏期。

植物精油具有特殊香气，具有抑菌、抗氧化作用，是一种无毒、无害、天然、环保的植物次生代谢物。目前，丁香精油、肉桂精油、百里香精油、美国薄荷精油等已在蓝莓保鲜中得到了应用。它们对蓝莓果蒂处的腐烂具有明显的抑制效果，对果实营养成分具有保持作用。

牛蒡、丁香等部分植物提取液也可作为天然保鲜剂，用于蓝莓保鲜。

三、出库与销售

做好蓝莓果实出库前的质量把控和出库后的包装运输销售工作是蓝莓种植户完成全程管理，获得生产收益的最后一个环节。

（一）果实出库与包装

蓝莓果实出库时要进行质量把控，要求出库果实基本保持其原有品种的固有风味和新鲜度，整个果实无明显失水和表皮皱缩现象。对不符合质量要求的果实应予以剔除。

出库时或出库前，要对果实进行独立包装。蓝莓包装操作间的环境温度应控制在10 ～ 15℃为宜，果实包装应遵循小包装、透气、不挤压原则。包装盒应具有美观、结实、透气、干燥、洁净、无毒、无异味、使用方便等特点。市场上以PET（聚乙烯对苯二甲酸酯）等材质的塑料盒为主。特级果和一级果的装果容器多采用容量约125克的透气包装盒（图11-5），二级果可采用容量为250克或500克的透气包装盒，用于加工的果实可采用大规格的透气塑料框或浅的周转箱、果盘等直接包装运输至加工厂。

图11-5　蓝莓果实的小包装盒

为了简化蓝莓清洗过程，方便随时随地清洗蓝莓，笔者也开发了一种便携式蓝莓清洗瓶（图11-6）。该清洗瓶包括瓶身、瓶盖、底盖三部分。瓶盖与瓶身的上端螺纹或卡扣可拆卸连接，底盖的内圈直径等于瓶身的外圈直径。瓶身的下端设有操作区，操作区外圈设有外螺纹，底盖内壁设有内螺纹，操作区和底盖通过外螺纹和内螺纹的相互啮合连接。底盖通过螺纹连接的方式与瓶身可拆卸连接，并且底盖与瓶身连接后覆盖了操作区。操作区表面设有多个流水孔，瓶身内部的水可从流水孔流出。使用时可打开瓶盖，将一定数量的蓝莓放入瓶身中，将瓶身的瓶口放入水龙头下方，利用流水对瓶身内部的蓝莓进行清洗，清洗完可直接从清洗瓶倒入口中食用。在户外使用或者想要更加彻底的清洁蓝莓时，将底盖与瓶身旋紧，并倒入一定数量的自带矿泉水等，拧紧瓶盖，按照一定力度摇晃清洗瓶，清洗完可直接从清洗瓶倒入口中食用。

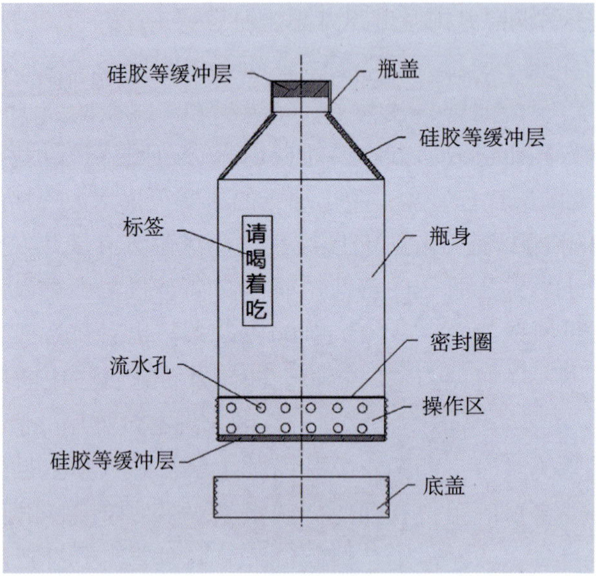

图11-6　一种便携式蓝莓清洗瓶

小包装盒的外包装可采用泡沫箱、纸盒等大包装材料（图11-7）。箱内的小包装盒应摆放整齐、紧密。每箱蓝莓不宜超2千克。包装箱内放入冰袋（图11-7），用胶带包装好后贮运。

图11-7　蓝莓果实的外包装箱及箱内冰袋

（二）蓝莓的运输与销售

蓝莓果实运输宜采用冷链运输。运输过程宜保持10℃以下温度，其中2 ～ 5℃最宜。

蓝莓运输过程中应避免高温，减少挤压、颠簸和剧烈振荡。装运时要轻装、轻卸，并防止挤压、颠簸，避免损伤蓝莓果肉。

蓝莓运达销售地后，宜置于冷藏柜销售或在2 ～ 5℃条件下临时贮藏。

销售最好在3天内完成，最长不宜超过7天。蓝莓的购买人群常以25 ～ 40岁的女性为主，她们是销售时的重点关注对象。蓝莓营养价值丰富、风味浓、口感好、产量不高，具有商品价值的鲜食蓝莓更少，因此，除重点做好特级果和一级果销售外，还要综合利用农、旅、文结合扩大二级果和三级果的销售，以及借助农产品深加工扩大四级果销售。

品牌消费是实现蓝莓优质优价，增强蓝莓产业发展的内生动力，也是人们提升生活品质的主动选择。所以，蓝莓销售要大力实施品牌强农工程，强化市场保护，不能让“劣币驱逐良币、次品坏了市场”。

目前，蓝莓的销售呈多元化趋势发展。电商或短视频平台销售是比较火的一种新型销售方式。种植户要加强与电商或短视频中的大平台合作，积极加盟它们的产业基地，做好果品质量和保鲜运输工作，努力做到上午采摘、分拣、预冷、打包，下午运至平台仓库，实现从田间到餐桌24小时内完成，以最大限度地保证果实新鲜和质量，赢得消费者认可。同时要充分用好某些消费节点或热点事件进行直播带货或加大推销，促进商品销售。连锁超市销售或以专卖店销售是蓝莓果实的基本销售方式。由于其鲜果是直接投放市场的，是直接与消费者接触的，因此颜色等外观品质更为关键，货架期也要长。

图书在版编目（CIP）数据

视频图文版蓝莓轻简化高效栽培技术／张长青等编著．—北京：中国农业出版社，2024.1
ISBN 978-7-109-31717-8

Ⅰ．①视…　Ⅱ．①张…　Ⅲ．①浆果类果树－果树园艺
Ⅳ．①S663.2

中国国家版本馆CIP数据核字（2024）第038495号

中国农业出版社出版
地址：北京市朝阳区麦子店街18号楼
邮编：100125
责任编辑：黄　宇　陈沛宏
版式设计：杨　婧　　责任校对：吴丽婷　　责任印制：王　宏
印刷：中农印务有限公司
版次：2024年1月第1版
印次：2024年1月北京第1次印刷
发行：新华书店北京发行所
开本：880mm × 1230mm　1/32
印张：5.25
字数：136千字
定价：48.00元